建筑装饰设计"十二五"规划系列丛书

室 内 设 计

总策划　徐　涵　安如磐

主　编　张　岩　王　平

西安电子科技大学出版社

内 容 简 介

本书是一本针对美术设计与制作专业(室内设计方向)"基于工作过程学习领域课程改革"的专业教材。全书由量房并绘制原始图纸、绘制平面布局图、设计天花布局图、制作电视背景墙、绘制开关插座布局图和综合训练等六个任务组成,按照实际工作过程的顺序,依次展开讲解,比较完整地展现了室内设计课程在装饰装修行业中的应用,同时对 AutoCAD 软件的使用方法与常用的快捷键也做了详细的阐述。

本书适合作为中等职业学校室内设计、环境艺术等相关专业的专业课教材,也可以作为社会培训机构的培训教材,还可以作为室内设计爱好者的自学用书。

图书在版编目(CIP)数据

室内设计/张岩,王平主编. —西安:西安电子科技大学出版社,2014.5
建筑装饰设计"十二五"规划系列丛书
ISBN 978-7-5606-3394-7

Ⅰ. ① 室…　Ⅱ. ① 张…　② 王…　Ⅲ. ① 室内装饰设计—高等职业教育—教材　Ⅳ. ① TU238

中国版本图书馆 CIP 数据核字(2014)第 098350 号

策　　划　高　樱
责任编辑　王　瑛　雷露深
出版发行　西安电子科技大学出版社(西安市太白南路 2 号)
电　　话　(029)88242885　88201467　　邮　编　710071
网　　址　www.xduph.com　　　　　电子邮箱　xdupfxb001@163.com
经　　销　新华书店
印刷单位　北京京华虎彩印刷有限公司
版　　次　2014 年 5 月第 1 版　　2014 年 5 月第 1 次印刷
开　　本　787 毫米×960 毫米　1/16　　印 张　9
字　　数　172 千字
定　　价　28.00 元(含光盘)
ISBN 978-7-5606-3394-7/TU
XDUP　3686001-1
如有印装问题可调换

序

　　随着全球建筑装饰设计行业的飞速发展，中国建筑装饰设计行业面临着其他国家同行的竞争和冲击。如何熟悉传统造型艺术与现代设计的关系，使其在现代设计中的应用更为广泛和深入，在"国际设计风格"潮流之后，开创多元化的设计创新潮流，是新一代设计师们所面临的课题。为此，我们根据《国务院大力发展职业教育的决定》提出的"以服务为宗旨，以就业为导向"的办学方针和教育部提出的"以全面素质为基础，以能力为本位"的教育教学指导思想，组成了以职业教育专家、企业一线专家和职业学校专业骨干教师为主的开发团队，运用基于工作过程的学习领域教学改革思想，根据工作岗位的实际工作过程，提炼出建筑装饰设计行业工作岗位的典型工作任务，形成了这套建筑装饰设计"十二五"规划系列丛书。

　　本套丛书包括《室内设计》、《室内装饰效果图实例教程》、《建筑效果图实例教程》、《三维初级建模》、《三维高级建模》、《建筑材料与预算》、《建筑动画》、《Photoshop 建筑装饰应用》、《网络搭建及应用》、《设计师营销》以及《产品包装设计》，共十一册。其中《室内设计》、《室内装饰效果图实例教程》、《建筑效果图实例教程》以工作过程为导向组织内容，因为这些活动体现在工作过程的每一个环节上；《三维初级建模》、《三维高级建模》、《建筑材料与预算》、《建筑动画》、《Photoshop 建筑装饰应用》、《网络搭建及应用》针对实际工作需要，以典型工作任务为导向组织结构，采取由近到远、由浅入深的螺旋结构设计，提供任务解决方案并介绍设计表现方法和思路。《设计师营销》采用了以问题为导向的案例设计，以提高学习者的顾客心理分析能力和灵活运用待客技巧的能力，以便实施更加贴切的服务。《产品包装设计》采用了以产品为导向的结构，因为这类职业活动是通过设计具体产品来实现的。

　　本套丛书的特点：

　　(1) 体系的确立上，依据职业教育美术设计与制作专业能力分析图表，围绕典型工作任务，分析形成课程设置的完整体系，从而确立书稿体系，实现了从学科体系的专业教育向行动体系的专业教育的转变，落实了"以全面素质为基础，以能力为本位"的教育教学指导思想。

　　(2) 内容的筛选上，以典型工作任务为基础，同时考虑国家职业资格技能鉴定标准，设计学习任务。在保证教学质量的前提下，对学生的就业能力有很大提升，充分体现了"以服务为宗旨，以就业为导向"的办学方针。

　　(3) 结构的设计上，以工作过程为导向，以典型任务为驱动，以多个项目为具体实践，采用了情景学习方式，不但符合职业教育以实践为导向的教学指导思想，还将能力培养渗透到专业教学当中。

(4) 素材筛选上，力求选择建筑装饰设计行业的最新素材、成功案例，并充分考虑学习的趣味性、难易度和迁移度，以激发学生的职业兴趣，拓展其职业能力，使学生能够很快适应社会需求，获得更大的发展。

本套丛书的编写得到了多家知名企业如大连鲁班装饰公司、大连瑞家装饰公司、大连业之峰装饰公司的大力支持，也倾注了多位职业教育专家、企业一线专家和西安电子科技大学出版社各位编辑的心血，是适应目前职业教育改革和发展的有益尝试。

希望本套丛书能为职业教育的发展，为培养具有综合能力的技术型、技能型的建筑装饰设计专业人才做出贡献。

沈阳师范大学职业教育研究所　徐涵

2014 年 1 月

编审专家委员会名单

总策划 徐 涵

主 任 安如磐

副主任 邓国民

委 员(排名不分先后)

前　言

近年来，伴随着房地产业的迅猛发展，装饰业持续升温，室内设计及装饰已成为热门行业。社会对人才需求的扩大促使越来越多的学校开设了类似室内设计、环境艺术等相关专业，以期能够为装饰装修行业提供更好的人才储备。

本书是编者结合"基于工作过程学习领域课程改革"而编写的一本室内设计专业教材。与以往的同类教材相比，本书除了系统介绍室内设计平面图的设计流程以外，更注重特定空间的设计分析、设计思路把握和方案形成过程的引导。编者希望通过具体案例让学生掌握室内设计平面图形成过程中各步骤的具体设计思路和方法，培养学生面对不同客户要求快速变通的能力。这不仅仅需要书本上的学习，也需要学生在日常学习和生活中注意观察、注意积累，在进行方案设计中多思考、多练习。

室内设计行业的快速发展促使专业教育不断推陈出新，编者希望本书能够充分体现当前室内设计的新方法、新理念、新过程，引入实际工作中的典型案例，让使用者充分了解室内设计平面图的设计过程，掌握行业动态。

通过本书的学习，使用者能够熟悉制作平面图纸的过程，了解背景墙的制作流程和常用的背景墙材质，能够完整地绘制平面布局图。本书对人体工程学在室内设计中的应用也做了比较深入的阐述。

全书图文对照、内容翔实，具有较强的理论性与实用性。

本书的案例全部采用工作实例，与行业要求相匹配。在每个任务的后面都附有拓展训练部分，使用者可根据个人需求选择完成。

本书在编写过程中得到了同事和同行们的大力协助，他们提供了非常翔实和丰富的案例，同时还对书稿的编排和结构进行了认真的梳理和检查，在此表示衷心的感谢。

由于编者水平所限，书中难免存在一些不足，恳请各位专家同行批评指正。

编　者

2014 年 3 月

目　　录

量房并绘制原始图纸

一个平面方案能否成功与对客户需求的详细分析和对房屋自然情况的了解有着密切的关系。在进行原始图纸的绘制之前应该简单明确客户的装修意向，房屋的朝向、采光、结构等自然信息。只有进行详细的规划，才能在平面方案的设计中避免方向性的错误，提高工作效率。

了解客户的装修意向和绘制原始图纸，一般来说应该包含以下几个方面的内容：

(1) 了解客户对房屋的整体规划，分析是否有不妥之处，若有则进行适当引导和纠正。

(2) 了解客户家庭成员的构成情况。

(3) 了解房屋的自然情况。

(4) 手绘原始结构平面图。

(5) 使用 AutoCAD 软件绘制确切的原始结构平面图。

以上是了解客户需求和绘制原始结构平面图的主要内容，针对不同的客户要求和房屋自然情况，内容会发生相应的变动。

本任务是为后续平面方案的绘制做准备工作。

 ## 能力目标

(1) 能比较完整地进行房屋测量，知道测量房屋的主要内容。

(2) 能够手绘原始结构平面图。

(3) 会使用 AutoCAD 软件，熟练使用软件常见的快捷键。

 ## 任务描述

本案例房屋购于 2009 年，建筑面积为 84.34 m^2。经过现场测量，获得了手绘原始结构平面图。在量房现场，与客户沟通，了解客户的装修意向。现场为客户手绘效果图，对客户的装修方案进行大致的规划。接下来采用 AutoCAD 软件绘制确切的原始结构平面图。

任务分析

首先要对房屋的自然情况进行考察：了解房屋的朝向、采光、结构；测量房屋墙体、窗户、管线等尺寸，绘制原始结构平面图；同时，在量房过程中要与客户充分沟通，了解其对房屋装修的想法，可以现场为客户手绘简单的效果图，以便更深入地了解客户的需求。在完成这些工作后，要对量房获得的资料进行整理，用 AutoCAD 软件把手绘的原始结构平面图绘制成标准图纸。

任务知识点

通过本任务的学习，可以学到以下几个方面的知识：

(1) 能利用 AutoCAD 软件绘制原始结构平面图。

(2) 掌握 AutoCAD 软件常用的快捷键。

(3) 了解手绘效果图。

本任务的结构如图 1-1 所示。

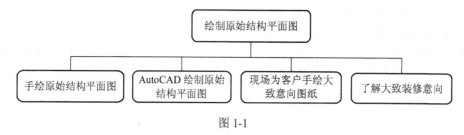

图 1-1

1．现场测量房屋空间

量房是房屋装修的第一步，这个环节虽然细小，但却是非常必需和重要的。量房并不只是测量数据那么简单。设计师到现场量房，实地了解房屋的内外结构和环境特点，为高品质家装打好坚实的基础。量房的重要性体现在以下两个方面：

(1) 量房决定报价。简单地说，量房就是客户带设计师到现场进行实地测量，是对房屋内各个房间的长、宽、高，以及门、窗、空调、暖气的位置进行逐一测量。量房首先对装修的报价会产生直接影响。同时，量房过程也是客户与设计师进行现场沟通的过程，它虽然花费时间不多，但看似简单、机械的工作却影响和决定着接下来的每个装修环节。

(2) 量房决定设计。设计不是简单的机械重复，每位客户的房屋内外环境都是不同的，不同的地理环境与空间状态，决定了不一样的设计。设计师在量房现场必须仔细观察房屋的位置和朝向，周围的环境状态，噪声是否过大、空气质量如何、采光是否良好等，因为这些状况直接影响到后期的设计。如果房屋临近街道，过于吵闹，设计师可以建议客户安装中空玻璃，这样隔音效果比较好；如果房屋原来采光不好，则需要用设计来弥补。

1) 量房工具

量房需要用到卷尺、纸、笔(最好两种颜色，用以标注特别之处)等工具。最好带上数码相机，以便在平面上对空间有个认识。

2) 量房步骤

不同设计师有不同的量房方法，量房最重要的目的就是准确测量出客户的房型结构，了解房屋的自然构成情况。量房的步骤大体如下：

(1) 巡视一遍所有的房间，了解基本的房型结构。

(2) 画出大概的平面图，这个图体现的是房间与房间之间的前后、左右连接关系。

(3) 从入户门开始，使用卷尺依次测量房间的尺寸，并把测量的每一个数据记录到平面图中相应的位置上。

(4) 墙体上如果有门、窗、开关、插座、管子等结构，要在平面图上进行标注。如果有必要，需绘制立面图。

(5) 测量门本身的长、宽、高，再测量这个门与所属墙体的左、右间隔尺寸。

(6) 测量窗本身的长、宽、高，再测量这个窗与所属墙体的左、右间隔尺寸，以及窗台与地面的间隔尺寸和窗户的净高。

(7) 仿照测量门窗的方法测量开关、插座的尺寸并详细记录。尤其是厨房与卫生间，因为管线很多，所以更要详细地测量。

(8) 测量房间横梁尺寸及位置，做好详细记录。

(9) 如果房屋结构复杂，或者是多层、跃层的，为了避免遗漏，测量要按照一定的顺序进行。

3) 量房注意事项

量房时应注意以下事项：

(1) 根据房型图了解哪些墙是承重墙，做设计的时候要注意承重墙的位置。

(2) 了解进户水管的位置。

(3) 了解下水管线的位置和坐便器的坑位，做好测量和记录工作。

(4) 在测量房间的长度时要紧贴地面测量，在测量高度时要紧贴墙体拐角处测量。

(5) 如果有必要，测量特殊之处用不同颜色的笔标示清楚，也可以采用绘制局部图的方式。

(6) 在完成全部测量工作后，再全面检查一遍，以确保测量的准确、精细。如果条件允许，可以再次从不同方向重新测量一遍。

2．绘制原始结构平面图

在室内装饰设计中，以入户门为起点、墙体为边线绘制原始结构平面图，并将测量尺寸标注在纸上。

3．放图

将绘制的原始结构平面图在 AutoCAD 软件中绘制出来。

放图时常使用以下命令：

(1) 直线：快捷键 L。

命令行：line。

使用方法：键盘输入"L"，按空格键确认，键盘输入直线长度数字，按空格键确认，单击鼠标右键完成标注。

(2) 偏移：快捷键 O。

命令行：offset。

使用方法：键盘输入"O"，按空格键确认，键盘输入所需要偏移的数字，按 ENTER 键确认，此刻光标变成一个小方块，用此光标点击原对象，移动到要偏移的方向并单击鼠标左键完成。

(3) 复制：快捷键 CO。

命令行：copy。

使用方法：选择需要复制的图形，键盘输入"CO"，按空格键确认，移动鼠标，在适当位置按 ENTER 键确认完成。

(4) 圆角：快捷键 F。

命令行：fillet。

使用方法：键盘输入"F"，按空格键确认，在弹出的选项中选择"R"，输入圆角半径数字，按空格键确认。

(5) 移动：快捷键 M。

命令行：move。

使用方法：键盘输入"M"，按空格键确认，选择要移动的目标，移动鼠标到指定位置后，单击左键确定。

(6) 修剪：快捷键 TR。

命令行：trim。

使用方法：键盘输入"TR"，连续按两次空格键确定，此刻光标变成一个小方块，即可进行相应操作。

（7）多行文字：快捷键 MT。

命令行：mtext。

使用方法：键盘输入"MT"，按空格键确定，单击鼠标左键，拖动一定的距离，然后松开鼠标左键，在弹出的文字对话框中即可输入汉字。

**任务实施**

1．绘制原始结构平面图

（1）启动 AutoCAD，将状态栏的"正交"打开。单击菜单栏"工具"选项卡中的"草图设置"命令，打开"草图设置"对话框，选择该对话框中"对象捕捉"选项卡下的全部对象捕捉模式，如图 1-2 所示。按照图 1-3 中所标尺寸，从入户门的位置开始使用直线命令绘制图纸，保证入户门在绘图纸的下方。

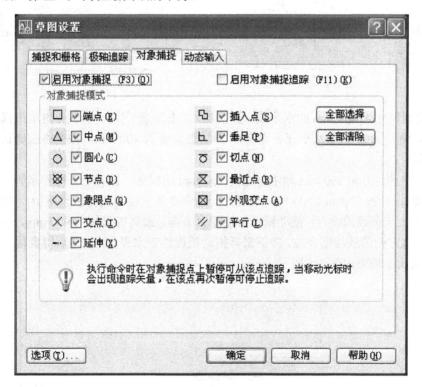

图 1-2

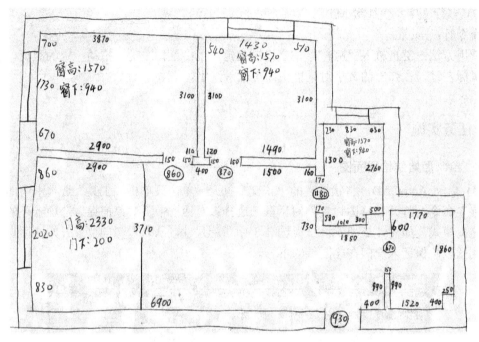

图 1-3

(2) 绘制尺寸为 400 mm 的水平线。键盘输入 "L",按空格键确认;再单击鼠标左键并拖动鼠标,给定画线方向(水平或者垂直),然后键盘输入 400 mm,按空格键确认,效果如图 1-4 所示。

(3) 绘制垂直方向 990 mm 和水平方向 150 mm 的线条。接着上一操作步骤,首先按空格键重复直线命令(在 AutoCAD 中,重复上一条命令的快捷方式是按空格键),接下来用鼠标左键单击上一条线的终点,拖动鼠标给定垂直方向,最后键盘输入 990 mm,按空格键确认,至此垂直方向的线绘制完成。接下来再拖动鼠标给定水平方向,最后键盘输入 150 mm,按空格键确认,效果如图 1-5 所示。

图 1-4   图 1-5

(4) 采用步骤(2)中的画线方法，继续进行图纸的绘制，效果如图1-6所示。

(5) 使用偏移命令，将表示门洞位置的线向上偏移670 mm，完成门洞的绘制。使用同样的画线方法，完成房间的其他部分，效果如图1-7所示。

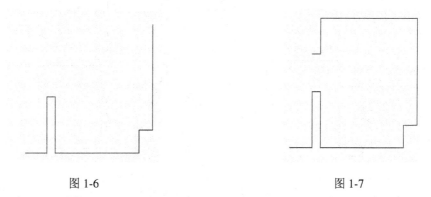

图1-6　　　　　　　　　　　　　　　图1-7

(6) 删除原本偏移过来的150 mm线条，按照图1-3中所标尺寸在原来的位置绘制长度为1850 mm的直线，如图1-8所示。

(7) 采用同样的画线方法，继续进行图纸的绘制，效果如图1-9所示。

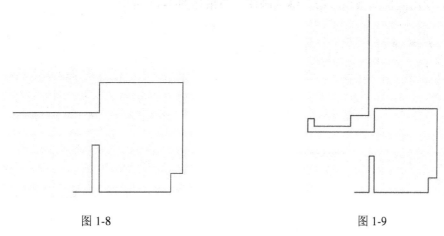

图1-8　　　　　　　　　　　　　　　图1-9

(8) 使用偏移命令，将表示厨房门洞的线向上偏移1180 mm，完成厨房门洞的绘制，如图1-10所示。

(9) 使用同样的画线方法，按照图1-3中所标尺寸，继续进行厨房的绘制，效果如图1-11所示。

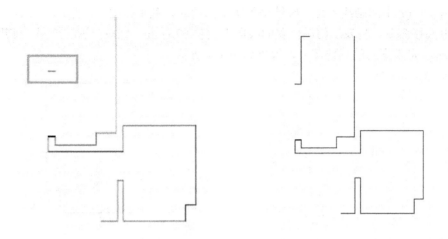

图 1-10   图 1-11

(10) 在绘制窗口的时候要注意，为了使窗口的位置不被混淆，将表示窗口位置的线绘制完成后，更改成与表示墙体的线不同的颜色作为标识，如图 1-12 所示。

(11) 使用同样的画线方法，继续画图，效果如图 1-13 所示。

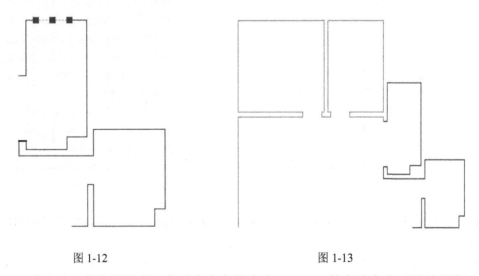

图 1-12   图 1-13

(12) 在入户门的位置绘制一条垂直方向长度为 370 mm 的直线来表示墙的厚度，如图 1-14 所示。

(13) 使用偏移命令，将表示墙厚的线向左侧偏移 930 mm，完成入户门门洞的绘制，如图 1-15 所示。

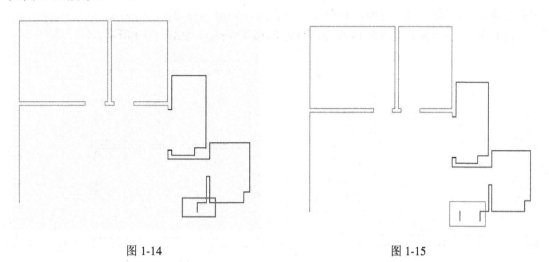

图 1-14　　　　　　　　　　　　　　　　图 1-15

(14) 将左侧门洞与左侧墙体连接起来，完成内墙的绘制，如图 1-16 所示。

(15) 添加外墙线，即将内墙线向外侧分别偏移 370 mm(注意每个方向只偏移一条内墙线即可)，效果如图 1-17 所示。

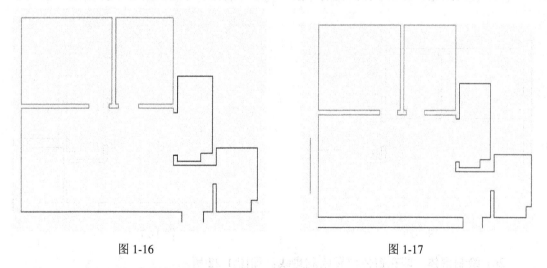

图 1-16　　　　　　　　　　　　　　　　图 1-17

(16) 用圆角命令给外墙体封口。使用方法：键盘输入"F"，按空格键确认，在弹出的选项中选择"R"，输入半径"0"。此时，光标变成小方块，分别单击外墙的两条线，即可完成墙体封口。

fillet(圆角)命令可以将两个对象用一条圆弧光滑地连接起来，当圆角半径为"0"时，可以使两条不相交的直线延伸，直至相交成直角，如图 1-18 所示。

(17) 再次使用偏移命令将内墙线向外侧偏移 370 mm，如图 1-19 所示。

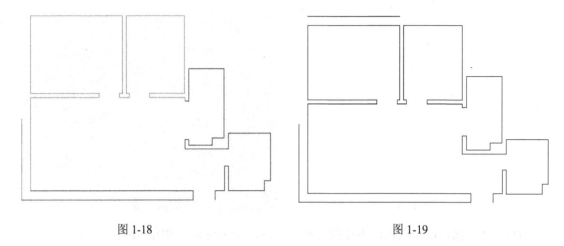

图 1-18   图 1-19

(18) 再次使用圆角命令给外墙体封口，如图 1-20 所示。

(19) 使用上述偏移和墙体封口的方法，完成外墙体的绘制，如图 1-21 所示。

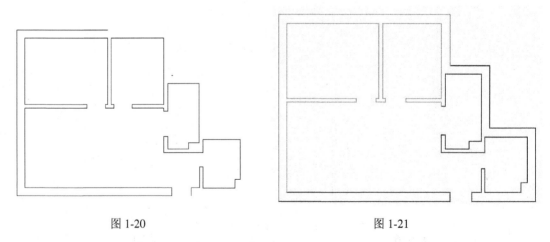

图 1-20   图 1-21

(20) 绘制窗体，即在窗体位置绘制直线，如图 1-22 所示。

(21) 使用修剪命令将墙线剪断：键盘输入"TR"，连续单击两次空格键确认，在将要修剪的线条上单击即可完成操作，如图 1-23 所示。

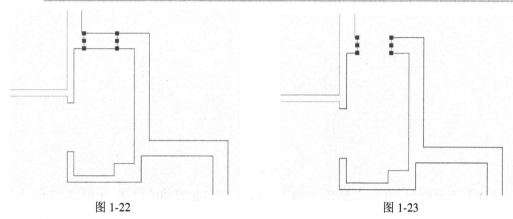

| 图 1-22 | 图 1-23 |

(22) 将已经断开的内墙线重新用线连接起来,如图 1-24 所示。

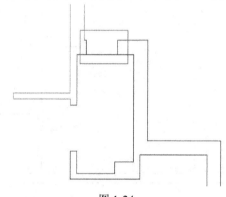

图 1-24

(23) 把表示内墙体的线分别连续向外侧偏移 120 mm、130 mm、120 mm,完成窗体绘制,如图 1-25 与图 1-26 所示。

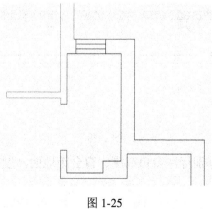

图 1-25

图 1-26

(24) 按照前面介绍的绘制窗体的方法，分别完成其他窗体的绘制，如图 1-27 所示。

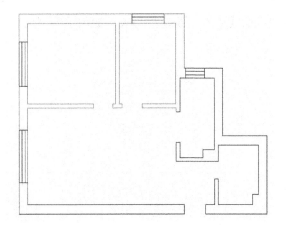

图 1-27

(25) 使用多行文字命令为图纸进行必要的文字标注，如图 1-28 所示。

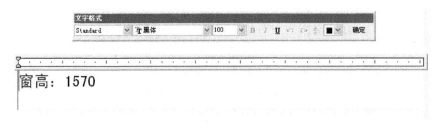

图 1-28

(26) 依照前述方法，分别标注窗户高度、窗台距地面高度、房高，如图 1-29 所示。

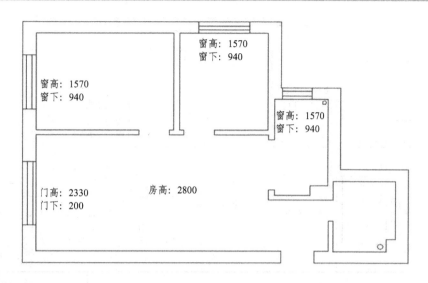

图 1-29

(27) 进行尺寸标注。一般标注内墙与门窗尺寸。

① 做引线和辅助线，如图 1-30 所示。

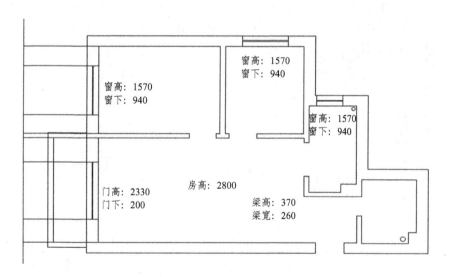

图 1-30

② 删除辅助线，如图 1-31 所示。使用快速标注进行第一层标注，然后删除多余的标注，如图 1-32 所示。

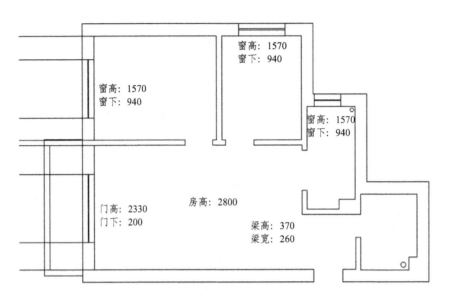

图 1-31

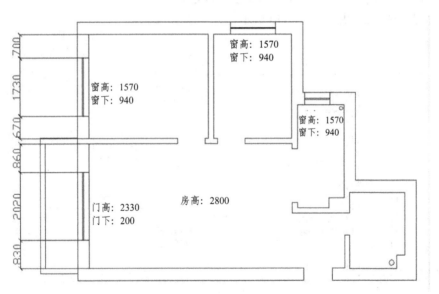

图 1-32

③ 使用线性标注进行第二层标注，如图 1-33 所示。再次使用快速标注进行第三层标注，如图 1-34 所示。

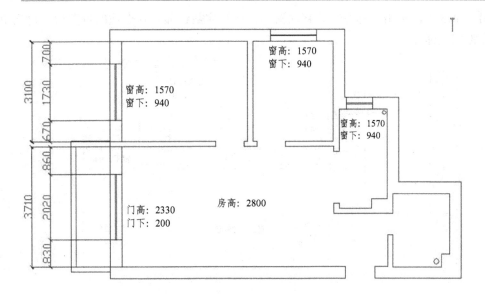

图 1-33

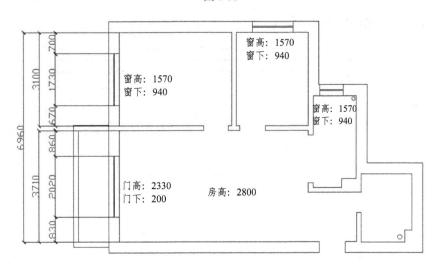

图 1-34

④ 删除引线，如图 1-35 所示。

快速标注：键盘输入"qdim"，选中辅助线，按空格键确认，再向左侧拖动鼠标，在适当的位置单击鼠标左键完成标注。

线性标注：键盘输入"dli"，单击要标注的长度的一个端点，然后移动鼠标到这个长度的另一个端点，单击鼠标左键并移动鼠标，让标注数据显示在合适的位置后，再次单击鼠标左键完成标注。

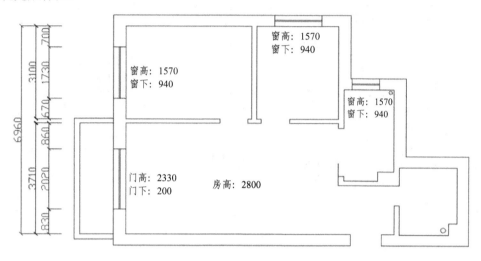

图 1-35

标注完成后效果如图 1-36 所示。

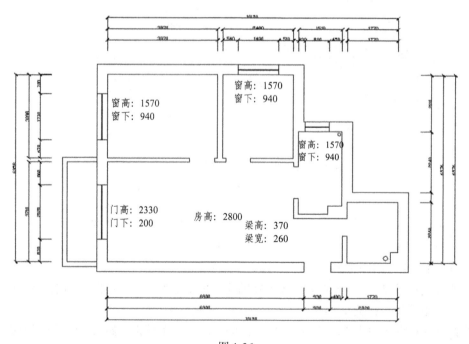

图 1-36

至此，原始结构平面图绘制完成，如图 1-37 所示。

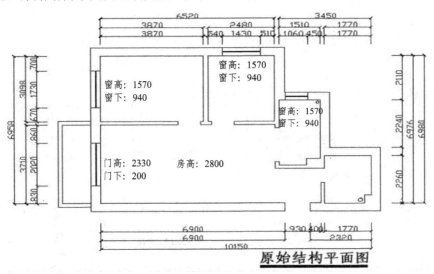

图 1-37

2. 绘制原始天花平面图

(1) 复制一份原始结构平面图，如图 1-38 所示。

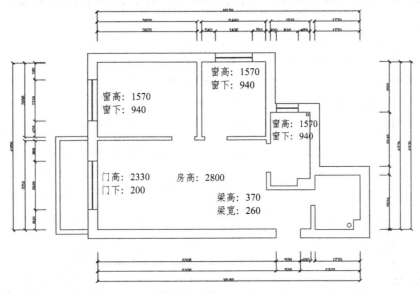

图 1-38

(2) 绘制房梁(如图1-39中虚线部分所示)。

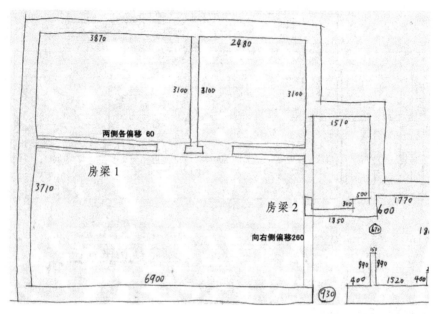

图 1-39

房梁1：将表示卧室墙体的线分别向两侧偏移60 mm，完成房梁1的绘制，如图1-40所示。

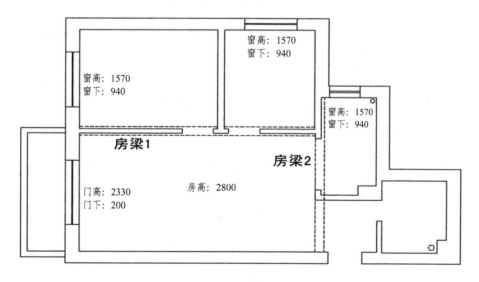

图 1-40

房梁 2：将表示厨房外侧墙体的线向右侧偏移 260 mm，完成房梁 2 的绘制，如图 1-40 所示。

线型的设置：单击将要更改的线条，在特性面板下选择线型控制，选择目标线条，如图 1-41 所示。

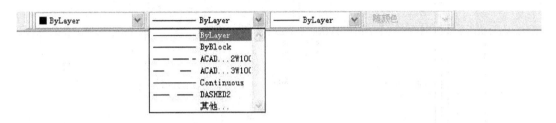

图 1-41

如果在线型控制下没有目标线条，可以单击"其他"，再单击"加载"，加载所需线型，如图 1-42 所示。

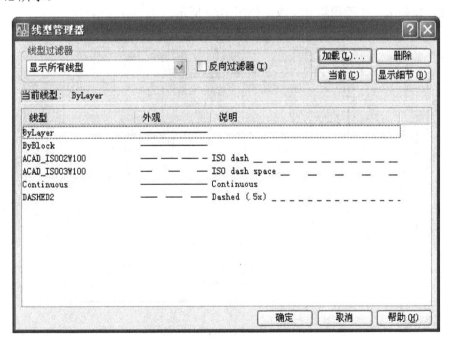

图 1-42

(3) 对图中涉及的尺寸进行必要的文字标注，例如梁高、梁宽，如图 1-43 所示。

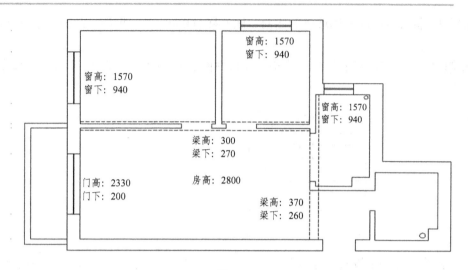

图 1-43

至此，原始天花平面图绘制完成，如图 1-44 所示。

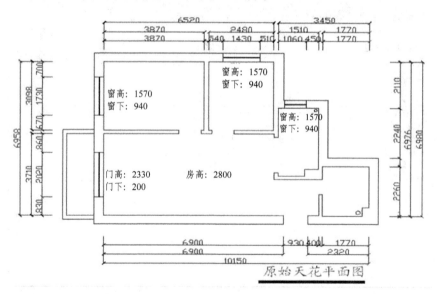

图 1-44

3. 图层的使用

1) 图层设置(快捷键 LA)

采用图层的目的是组织、管理和交换 CAD 图形的实体数据以及控制实体的屏幕显示和打印输出。图层具有颜色、线型、状态等属性，如图 1-45 所示。

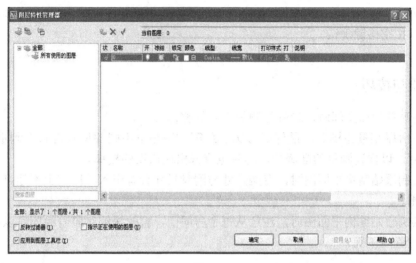

图 1-45

2) 标注样式的设置

单击标注菜单下的标注样式，弹出"标注样式管理器"对话框，如图 1-46 所示。单击"新建"按钮可以设置新的标注样式，单击"修改"按钮可以修改当前的标注样式。

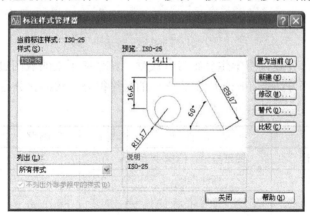

图 1-46

3) 特性匹配

特性匹配又称格式刷，用它可以把一个对象的属性赋予另一个对象。特性的来源叫源对象，要赋予的对象叫目标对象。可以拷贝的特性有颜色、层、线型、线型比例和厚度等基本特性与文本、尺寸和剖面线图案等特殊特性。

特性匹配：快捷键 MA。

使用方法：键盘输入"MA"后按空格键确认，先用鼠标左键单击目标，然后单击对象目标，最后按空格键确认。

经验与技巧

(1) 在测量房屋空间时，最好能测量房间的整体尺寸。

(2) 在房屋测量完毕后，最好能够选取跟第一遍测量不同的位置再重新测量一些比较重要的尺寸，以保证测量的准确性，同时也降低出现错误的概率。

(3) 绘制原始结构平面图时，有些尺寸与测量尺寸会有出入，原则上不超过 20 mm 为可容许范围。

(4) 绘制原始结构平面图时，注意从每个房间门、窗的两侧对照着绘图，以保证房门、窗体相对位置的正确。

拓展训练

请根据现有教室为例，进行现场测量并手动绘制原始结构平面图。

反馈评价

现场测量教室部分建议将学生分组进行教学。结合接下来的放图过程，建议将小组同学互相评分和教师评分结合在一起，作为学生的最终得分。教师评分占 40%，学生评分占 60%。

评 价 内 容		评 价 标 准	分值	学生评分	教师评分	得分
手绘图纸部分	图纸整洁	图纸整洁，涂抹少	1			
	管线标注	标注准确	2			
	是否有缺项	房高 房梁 窗台	3			
放图部分	尺寸标注样式	层次清晰，标注准确	2			
	门窗位置、尺寸	位置对齐 尺寸正确	2			

绘制平面布局图

　　平面方案是室内设计师对房屋总体规划的体现，它直接影响客户日后生活的舒适度和方便度。一般来说，平面方案会弥补原建筑结构的一些不足，对空间进行比较合理的功能划分。不同的人群，不同的客户文化层次、家庭成员的构成与生活习惯都会影响到平面方案的设计。

　　本任务主要针对平面方案的设计进行了详细的阐述，对于不同的户型和客户要求会产生不同的工作量。

　　平面方案的设计应尽量详细，对于一些需要具体说明的还应绘制立面图和剖面图。一般来说，平面方案应该包含以下设计内容：

　　(1) 客厅设计。

　　(2) 厨房设计。

　　(3) 餐厅设计。

　　(4) 卧室设计。

　　(5) 卫生间设计。

 能力目标

　　(1) 了解平面方案设计功能区的划分情况，掌握不同功能区的布置要点。

　　(2) 掌握人体工程学在不同功能区的使用情况。

　　(3) 能够使用 AutoCAD 软件进行图纸的绘制。

 任务描述

　　绘制完原始结构平面图后，根据客户需求还需完成平面布局图。卧室一般有衣柜、床、梳妆台、床头柜等家具；客厅则布置沙发、组合电视柜、矮柜，有可能还有一些盆栽植物；厨房里少不了矮柜、吊柜；卫生间里则是抽水马桶、浴缸、洗手台等。如果房间的形状不是很好，根据设计定做家具会取得较好的效果。

本案例中房屋的建筑面积为 84.34 m^2，得房率在 82%左右，户型比较规整，客厅面积较大，有两个卧室。该家庭是三口之家，有一个女儿。夫妻双方文化程度较高，希望装修风格简单温馨，房间利用率高一些，房屋的结构不想做调整。

客户的主要要求是：入户门的位置希望能做一个鞋柜；希望餐厅设置在厨房附近。

# 任务分析

了解到客户的设计意向后，下面要做的工作就是制作大致平面方案；工作重点放在餐厅的规划上；厨房门的选择会对餐厅的位置造成影响，进而对整体方案造成影响；鞋柜的摆放位置可以考虑在洗手间的附近或者入户门的另外一侧。

任务知识点

通过本任务的学习，可以学到以下几个方面的知识：

(1) 空间的形成与划分。

(2) 客厅、厨房、卧室、餐厅、卫生间、玄关的布置方法以及人体工程学在以上空间中的应用。

(3) 掌握平面布局图的绘制方法。

1. 功能空间的形成与功能划分

1) 功能空间的形成

房屋的功能是业主基本生活需求的缩影。人们在住宅中生活、工作、娱乐、休息，因此形成了睡眠、休息、就餐、盥洗、储藏、家庭聚会、会客、学习等诸多功能。

注意：每个独立的功能空间有它们的平面位置与相应的尺度，同时又与其他功能空间有机地组合到一起，构成各种不同的平面关系和空间形态。在面积受限等情况下，室内空间的功能划分不会那么明确，也就是说在同一空间内会安排两种甚至更多的功能。

2) 功能划分

根据使用对象的不同和对空间功能要求的不同，将性质和使用要求相近的空间结合在一起，避免不同空间的相互干扰。

(1) 公私分区。住宅公私分区的基本情况如图 2-1 所示。

私密区：卧室、卫生间、书房等。

半私密区：进行家庭娱乐、儿童教育、家务活动的区域。

半公共区：通常指会客、宴请，与客人共同娱乐的区域。

公共区：房屋入口，玄关。

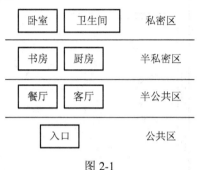

图 2-1

(2) 动静分区。一般将卧室作为静区，其余部分作为动区，如图 2-2 所示。

图 2-2

(3) 洁污分区。洁污分区是对居室内容易产生烟气、污水、垃圾的区域和对清洁要求较高的区域进行分区，如图 2-3 所示。

图 2-3

2．客厅布置

1) 客厅功能划分

客厅可以划分为不同的功能区，主要有休闲观赏区和影视播放区等，其他区域可以根据客厅的大小和功能的整体需要而定。客厅的核心区域是休闲观赏区，根据沙发、茶几等尺寸一般拥有较大的面积。影视播放区与此区域遥相呼应，一同构成客厅的视觉中心。其他家具的摆设以此为中心。客厅的布局还要考虑人们活动的线路问题，既要不受约束，又要节省空间，如图 2-4 所示。

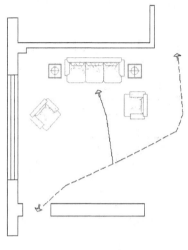

图 2-4

2) 家具陈设

客厅主要包括沙发、茶几、储藏功能的橱柜等家具，它们对客厅的风格起到举足轻重的作用，也直接影响着房屋的整体风格。家具的造型、质地、色彩应根据个人的喜好来选择，摆设应注意房屋整体风格的一致。

3) 家具布置的基本方法

(1) 直角式布局：将沙发或者座椅摆放成互相垂直的直角形状，这样可以适当地节省空间，如图 2-5 所示。

图 2-5

(2) 岛式布置：在客厅中心位置放置能反映家庭装饰重点的家具，例如风格独特的沙发、造型艺术的茶几等，在其周围配置些辅助性质的配饰家具，总体上来说布局要重点突出。这种布置适合客厅面积较大时采用，如图 2-6 所示。

图 2-6

(3) 对称布置：家具的陈设与布置讲究对称、平衡。一般在客厅单侧或者双侧放置同样或者类似的椅子、沙发等，这样显得庄重、沉稳，如图 2-7 所示。

图 2-7

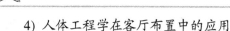

4) 人体工程学在客厅布置中的应用

(1) 沙发：谈话双方正对坐或者侧对坐为好，座位之间距离保持在 2 m 以内，这样可使谈话双方感觉比较舒适，如图 2-8 所示。

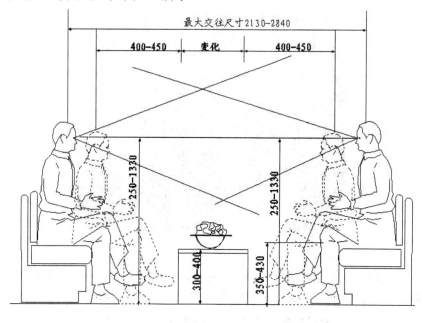

图 2-8

(2) 电视柜：电视柜的高度一般为 400～600 mm。坐在沙发上看电视，沙发高 400 mm，座位到眼的高度是 660 mm，地面到人眼适宜的距离是 1200 mm。购买电视柜时，注意使视线能够在电视机屏幕中心位置，如图 2-9 所示。

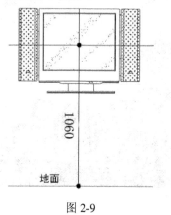

图 2-9

3. 厨房布置

厨房的装饰与装修是衡量居室室内设计和装饰装修水平的重要标准之一。现代家庭的厨房布置应该具有方便、卫生、安全和美观的效果。

1) 厨房的布局

厨房的布局应符合炊事工作的流程规律。厨房活动包括洗涤、配料和烹调三大部分，形成了分别以水池、冰箱与橱柜、炉灶为代表的三大加工中心。使用者在三个中心区之间形成一个流动路线，如图 2-10 所示。

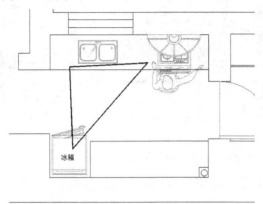

图 2-10

2) 厨房平面布局形式

厨房平面布局主要有以下三种形式：

(1) L 型厨房平面布局，如图 2-11 所示。

图 2-11

(2) U 型厨房平面布局，如图 2-12 所示。

图 2-12

(3) 一字型厨房平面布局，如图 2-13 所示。

图 2-13

3) 人体工程学在厨房布置中的应用

(1) 地柜：常用的地柜高度是 810～850 mm，工作台面宽度为 500 mm 左右。

(2) 冰箱：冰箱如果是在后面散热的，两个侧面要各留 50 mm 的空间。

(3) 吊柜：吊柜高度为 500～600 mm，深度为 300～350 mm。

4．卧室布置

卧室是人们睡眠休息的地方，又是一个相对私密的空间，需要营造一个舒适、静谧、温馨的空间环境。

1) 平面布置

卧室的主要功能为睡眠，同时附带梳妆和储藏的功能。卧室的平面布局应尽量减少交叉，以争取更多的活动空间。如图 2-14、图 2-15 所示为卧室布置常用的两种形式。

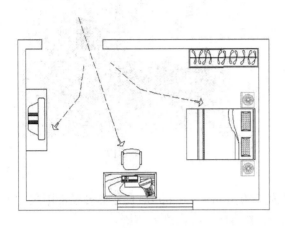

图 2-14

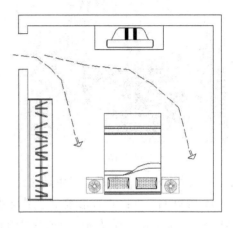

图 2-15

2) 家具陈设

卧室的床是家具的主题，床头一般要靠墙布置。切勿将床置于卧室中心或者门口位置。床头柜是必备的配套家具，一般来说要左右成对配置。

3) 人体工程学在卧室布置中的应用

(1) 床：床的长度约为 2000 mm；床的宽度有 900 mm、1350 mm、1500 mm、1800 mm 和 2000 mm 等。

(2) 衣柜：衣柜的宽度为 900 mm(一个单元，含两扇柜门)，每扇柜门宽 450 mm；衣柜的深度常用 600 mm，连柜门最窄不小于 530 mm。

5．餐厅布置

餐厅在现代家庭中占有很重要的地位，它不仅是家人日常进餐的场所，而且也是家人与亲朋好友之间沟通感情、休闲娱乐的场所。餐厅的布置要做到方便就餐和流线通畅，立面装饰应该造型典雅、色调和谐。

根据居室面积的大小不同，餐厅可分为独立式和兼容式两种类型。

1) 独立式餐厅

独立式餐厅应与厨房保持最近的距离，同时与客厅也应有较好的联系。餐厅的家具主要有餐桌椅、餐具柜、酒柜等，其中餐桌椅是整个空间的主体，如图 2-16 所示。

2) 兼容式餐厅

兼容式餐厅一般是指在客厅中将就餐区用隔断或者餐具柜等分出的半封闭的餐厅,如图 2-17 所示。

图 2-16   图 2-17

3) 人体工程学在餐厅布置中的应用

(1) 餐桌的尺寸:正方形餐桌常用尺寸为 760 mm×760 mm,长方形餐桌常用尺寸为 1070 mm×760 mm;餐桌高度一般为 710 mm,配 415 mm 高度的座椅。

(2) 餐椅的尺寸:餐椅高度一般为 410 mm 左右,靠背高度一般为 400~500 mm。

6. 卫生间布置

卫生间虽然在居室中所占面积不大,但它集多种功能于一身,且设备繁杂,装饰要求高。卫生间装饰装修状况也是整个居室装饰装修水平的衡量标准之一。

1) 设备布置

卫生间的基本功能包括如厕、盥洗和沐浴三项内容。这三种功能通常是连通在一起的,如图 2-18 所示。

图 2-18

2）人体工程学在卫生间布置中的应用

（1）沐浴：淋浴间的标准尺寸是 900 mm×900 mm；浴缸的标准尺寸是 1600 mm×700 mm。

（2）洗手台：洗手台高度为 750～800 mm。

（3）坐便器：坐便器所占的面积为 370 mm×600 mm。

（4）浴室镜：浴室镜应安装在 1350 mm 的高度上。

7．玄关布置

玄关又称门厅，是居室入口处隔出的空间，是家庭入口到房间的必经之处，属于过渡性空间，具有遮挡、收纳和装饰三个基本功能。

1）平面布置

玄关空间一般不大，家具与设施既要方便摆放与收取，还应该尽量隐蔽，不影响美观，如图 2-19 所示。

图 2-19

2）家具陈设

玄关应设置必要的家具，以便储藏雨具、鞋、包、衣帽以及用于其他用途。如果空间足够大，还应该设置沙发、换鞋座等。

任务实施

1．客厅布置

(1) 复制一份原始结构平面图。

如果有砸墙、砌墙的操作，请复制一份墙体改动后的平面图，删除多余的文字标注、房梁等，完成后如图 2-20 所示。

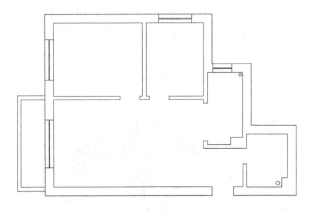

图 2-20

(2) 在 C 墙面放置合适尺寸的沙发，墙面方向如图 2-21 所示。从素材文件(见随书所附光盘)中选择合适的沙发插入到平面图中(可使用组合键 Ctrl + C、Ctrl + V 进行操作。再使用移动命令与旋转命令将选择的家具放置到合适的位置上，如图 2-22 所示。

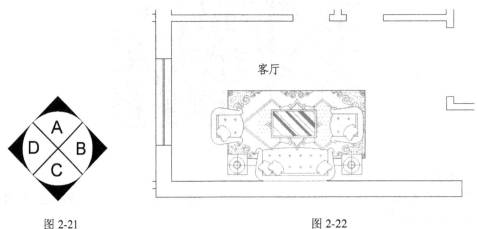

图 2-21   图 2-22

旋转命令：快捷键 Rotate。

使用方法：键盘输入"RO"，按空格键确认，单击要旋转的目标，拖动鼠标到合适位置后单击鼠标左键完成操作。

常用沙发尺寸：

选择沙发时要考虑客厅的大小和户型等因素。如果客厅空间较大，可以选择欧式沙发，欧式沙发设计一般比较华贵大气，占用空间也比较大；如果是小户型的家庭，选择沙发就要注意尺寸，否则容易使客厅显得局促狭窄。

三人沙发尺寸为长度 1750～1960 mm，深度 800～900 mm。双人沙发尺寸为长度 1260～1500 mm，深度 800～900 mm。单人沙发尺寸为长度 800～950 mm，深度 850～900 mm，座高 350～420 mm，背高 700～900 mm。

沙发的座位高度一般是 400 mm 左右，与茶几的高度大体一致。

以上沙发尺寸的数据是比较常用的尺寸，根据沙发的风格、功能需求不同，所设计出来的沙发尺寸也是不同的。家具设计最主要的依据是人体尺度。一般情况下沙发的座深在380～420 mm 之间，沙发的座宽一般不小于 380 mm。对于有扶手的沙发来说，要考虑人体手臂的扶靠，以扶手的内宽来作为座宽的尺寸。

(3) 使用直线、偏移等命令，在 A 墙面放置电视柜(2400 mm×450 mm)，操作方法同上，如图 2-23 所示。

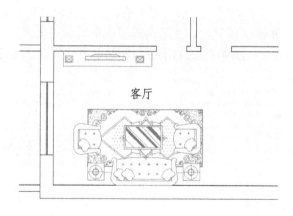

图 2-23

常用电视柜的尺寸：

一般来说，电视柜的尺寸根据房间大小、个人喜好、电视机尺寸来确定，当然也要与其他家具相搭配。一般电视柜的长度是电视机长度的 2～3 倍，高度在 400～600 mm 之间。一般选择电视柜时，电视柜的高度应该能让观看者的视线正好落在电视屏幕中心附近，这个高度一般保持在 1200 mm 左右。应避免观看者仰视电视机，这样容易产生疲劳，对健康也不利。

2. 厨房布置

(1) 将表示厨房下水管用线进行连接，将下水管包好，如图 2-24 所示。

(2) 在 A、B 墙面分别绘制宽 600 mm 的橱柜，如图 2-25 所示。

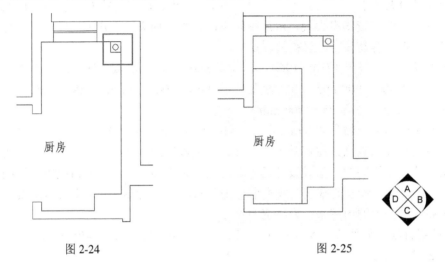

图 2-24

图 2-25

(3) 从图库中选择合适的图例，分别放置水槽、燃气灶和冰箱，如图 2-26 所示。水槽一般放置在窗口附近。水槽、燃气灶、冰箱构成了一个活动三角区。

(4) 由于厨房门洞较大，能够制作拉门(拉门能够节省空间)，所以厨房门采用了此款门类型，如图 2-27 所示。

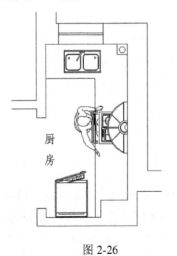

图 2-26

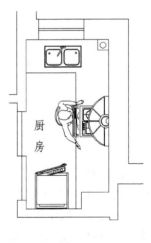

图 2-27

3. 卧室布置

(1) 从素材文件中选取 1800 mm 宽度的双人床插入到平面图的合适位置，如图 2-28 所示。

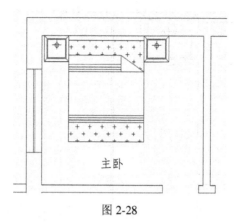

图 2-28

常用床的尺寸：

单人床为 900 mm × 2000 mm、1000 mm × 2000 mm 或 1200 mm × 2000 mm，双人床为 1500 mm × 2000 mm 或 1800 mm × 2000 mm。

床头的摆放一般不靠近门的位置，因为门口随时有人员走动，会影响人的睡眠，造成睡眠不安；床头一般也不在窗户旁边，离窗户近的地方温差变化比较大；床头也不要直接正对着窗户，空气对流强大的地方，难以保证睡眠质量。

床头的摆放位置比较理想的是靠墙，在床的两侧留出活动通道，这样上下床或整理床铺都很方便。除了放床和床头柜外，卧室里一般还有电视柜、衣柜等家具。

(2) 沿着 B 墙面绘制宽 550 mm、长 2000 mm 的衣柜，如图 2-29 所示。

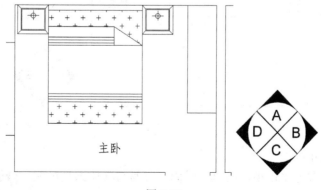

图 2-29

(3) 将表示衣柜的线分别向内侧偏移 20 mm，作为衣柜板材的厚度。使用修剪命令，对偏移后的线进行适当修剪，如图 2-30 所示。

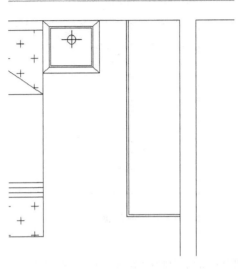

图 2-30

(4) 将表示衣挂的图例复制到平面图中，完成衣柜的绘制，如图 2-31 所示。

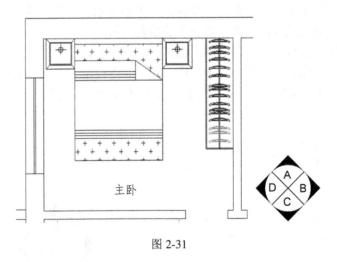

图 2-31

常用衣柜的尺寸：

推拉门式衣柜占地比较小，简单、时尚，容易与其他家具搭配，一般这个类型的衣柜尺寸是 2200 mm × 600 mm × 2200 mm。

开放式的衣柜大气实用，便于摆放，但是对室内环境要求高一些，以免有灰尘落到衣服上，一般这种类型的衣柜尺寸是 3500 mm × 500 mm × 2400 mm。

卧室衣柜如果采用综合类型设计，包含抽屉、储物柜、装饰架等，尺寸一般设计在 2200 mm × 600 mm × 2200 mm 比较合适。

(5) 将门的图例放置到平面图中，如图 2-32 所示。

常用的室内门尺寸为 800 mm × 2050 mm，常用的卫生间门尺寸为 700 mm × 2000 mm，常用的入户门尺寸为 900 mm × 2080 mm。

(6) 从素材文件中选择 1500 mm 宽度的双人床和适当尺寸的书桌插入到客卧的合适位置，如图 2-33 所示。

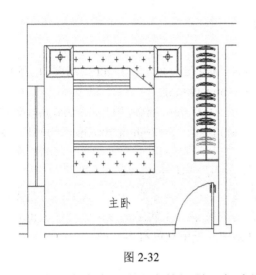

图 2-32

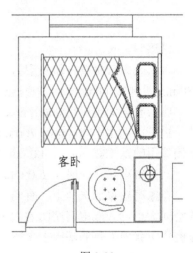

图 2-33

卧室是家庭中非常私密的场所，有睡眠、休息、梳妆等功能。在进行卧室设计时，首要注重实用性的设计，其次才是装饰性的设计。床铺的设计和位置在卧室设计中应优先考虑，床的颜色、尺寸、款式要与卧室风格相配套，床头的摆放位置要注意，不要在窗下和门口，尽量不要在空气对流强大的地方。卧室的光线也十分重要，卧室的灯应尽量考虑使用者的方便和习惯，灯光尽量选择暖色调，以便营造出浪漫温馨的气息。

卧室的墙面造型都应以简单为原则，应在实用的前提下做适当的装饰，但不要有太多雕琢的痕迹。

4. 餐厅布置

从素材文件中选择餐桌放到餐厅的合适位置，如图 2-34 所示。

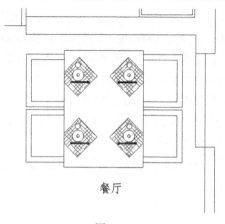

餐厅

图 2-34

常用餐桌尺寸：

六人长方形餐桌一般长度为 1200～1600 mm，宽度为 700～900 mm，高度为 750～780 mm。例如 1400 mm×900 mm、1600 mm×800 mm 等尺寸。

四人餐桌即可选用 800 mm×800 mm、900 mm×900 mm，高度为 750～780 mm 等尺寸，也可以选用 1400 mm×700 mm、1200 mm×600 mm、1000 mm×700 mm 等尺寸。本案例选用的是 1000 mm×700 mm 的四人餐桌。

八人餐桌尺寸一般为 2000 mm×1200 mm，高度为 750～780 mm。

在家庭餐桌的选择上，有两个方面的因素需要考虑：一是家庭的就餐人数；二是餐厅的空间大小。一般根据空间的大小来安排尺寸合适的餐桌，并且在就餐人数设计上也要在家庭实际就餐人数的基础上增添一些为好，做好亲戚朋友就餐的准备。

5．卫生间布置

(1) 将下水管包好，绘制宽 600 mm 的洗手台面，如图 2-35 所示。

(2) 从素材文件中选择面盆放置到合适位置，如图 2-36 所示。

做洗手台面的材质通常有陶瓷、大理石、人造石、钢化玻璃、强化玻璃等，洗手台的柜体注意是要防水的。洗手台的宽度一般在 550～600 mm 左右。在洗手盆两侧距离墙面要留 400 mm 左右的空间，这样使用起来比较方便，不会碍手碍脚。洗手盆一般分为台下盆和台上盆，如果是使用台下盆，台面高度一般为 850 mm，如果是使用台上盆，台面高度一般为 750 mm(高度不含盆)。

卫生间和厨房的下水管从美观的角度来说一般都会包上，包管的材料有红砖、扣板、大理石、水泥板等方法，最后外面再贴上与周围墙壁相同的瓷砖。

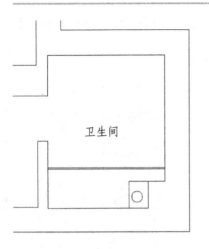

图 2-35

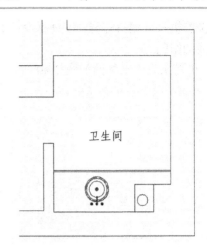

图 2-36

（3）放置坐便器，如图 2-37 所示。常见的坐便器有连体坐便器、坐箱虹吸式坐便器和挂箱虹吸式坐便器三种，价格也相差很多。一般坐便器的长度在 750 mm 之内，宽度在 500 mm 之内。在做平面布局时，坐便器前端和两侧至少留 300 mm 的空间，这样使用起来比较方便。

（4）放置花洒，如图 2-38 所示。一般来说淋浴空间最少要保证 900 mm × 900 mm，使用起来才比较方便。

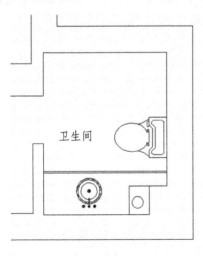

图 2-37

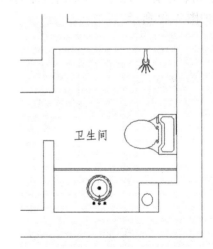

图 2-38

（5）放置洗衣机，如图 2-39 所示。洗衣机的空间一般最少要留出 800 mm × 800 mm，市场上洗衣机尺寸略有差异，在进行设计的时候要考虑这个因素。另外还要预留出 400 mm 左右的活动空间。

(6) 布置完成的卫生间如图 2-40 所示。

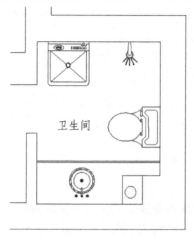

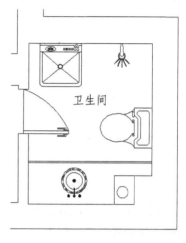

图 2-39   图 2-40

6. 玄关布置

(1) 通过直线命令，在玄关右侧制作 800 mm × 350 mm 的鞋柜，如图 2-41 所示。

(2) 将表示鞋柜的线条分别向内侧偏移 20 mm 作为板材的厚度，并将线条进行适当的修剪，如图 2-42 所示。

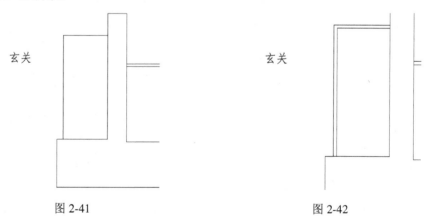

图 2-41   图 2-42

(3) 选择内侧线的中点进行画线，并将绘制完成的线向两侧分别偏移 10 mm，如图 2-43 所示。

(4) 删除中间的辅助线，并绘制适当的直线，如图 2-44 所示。

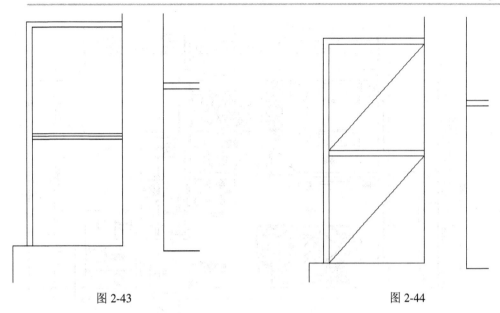

图 2-43　　　　　　　　　　　　　　　　图 2-44

（5）玄关鞋柜的完成图如图 2-45 所示。

（6）通过直线、偏移等命令，在玄关左侧放置 800 mm×300 mm 的鞋柜隔断，如图 2-46 所示。

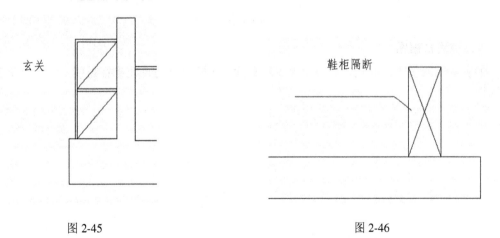

图 2-45　　　　　　　　　　　　　　　　图 2-46

（7）平面布局图完成图如图 2-47 所示。

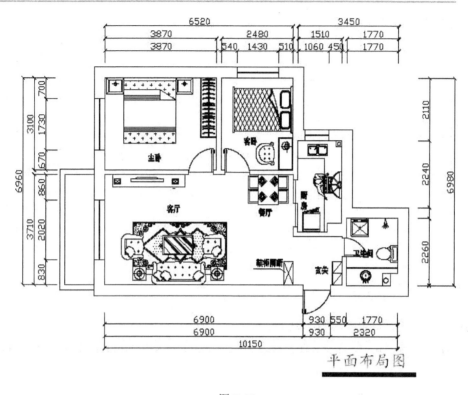

图 2-47

7. 地面材质图

(1) 复制一份平面布局图,将无关图块删除,并把门洞用直线进行封闭,效果如图 2-48 所示。

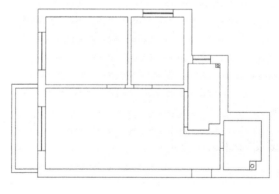

图 2-48

(2) 对厨房地面进行填充，如图 2-49 所示。填充图案为"NET"，设置比例为"180"，厨房地砖采用 600 mm × 600 mm 的玻化砖。

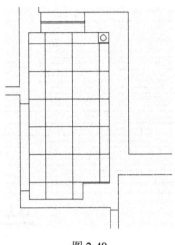

图 2-49

填充：快捷键 H。

使用方法：单击 H 键，按空格键确认，选择合适的填充图案并设置比例，然后单击"添加拾取点"或者"添加选择对象"，选择即将进行填充的图形，最后单击确定即可完成图案的填充。

(3) 对卫生间地面进行填充，如图 2-50 所示。填充图案为"NET"，设置比例为"100"，地砖采用 300 mm × 300 mm 防滑砖。

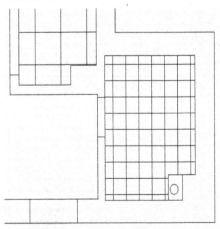

图 2-50

(4) 卧室客厅餐厅地面采用实木地板，采用上述填充方法进行填充，如图 2-51 所示。填充图案为"DOLMIT"，比例设置为"30"。

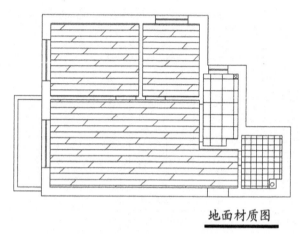

图 2-51

(5) 对填充完成的材质进行引线标注，效果如图 2-52 所示。

引线标注：快捷键 LE。

使用方法：键盘输入"LE"，按空格键确认，鼠标左键单击确定引线起点位置，然后拖动鼠标到合适的位置单击，确定终点位置，再双击空格键，即可从键盘输入标注文字，最后按回车键确认完成。

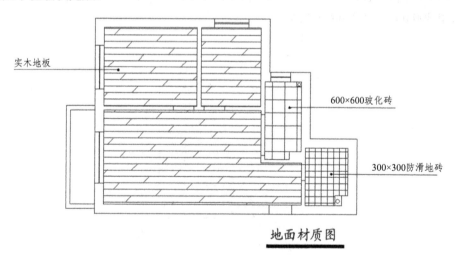

图 2-52

(6) 地面材质图完成图如图 2-53 所示。

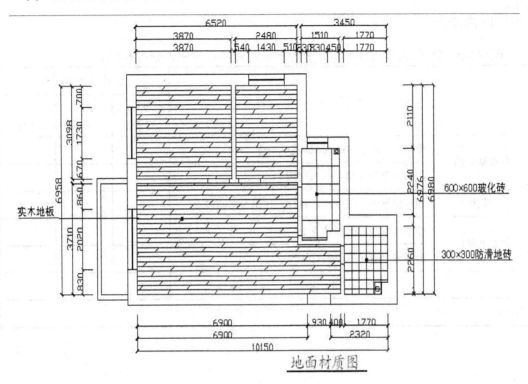

地面材质图

图 2-53

 经验与技巧

(1) 充分了解客户需求，并对客户需求进行详细的分析，这样才能做出令客户满意的方案。

(2) 注意图层的合理运用，把相同或相似内容放在同一个图层上。

(3) 常见的人体工程学知识要牢固掌握。

拓展训练

根据本书素材文件的要求，运用自己所掌握的知识，进行各自的平面局部设计，并进行设计方案讲解。

 **反馈评价**

根据拓展训练的内容进行测试，教师评分占 40%，学生评分占 60%。

评 价 内 容		评价等级(10 分)		
		良好 (5 分)	较好 (3 分)	一般 (2 分)
专业基础性	能够灵活运用 AutoCAD 基础命令			
	能够较好地绘制平面布局图			
专业扩展性	能够根据客户的要求，自行设计出平面布局图			
职业素养性	能够理解客户的设计要求			
	能够完全表述自己的设计理念			
合　　计				
备注：				

设计天花布局

吊顶设计也称天花设计，就是用一定的材质和灯饰把原始的天花板装饰起来。吊顶一般有平板吊顶、异型吊顶、局部吊顶等类型。平板吊顶一般以 PVC 板、铝扣板、石膏板、矿棉吸音板、玻璃纤维板、玻璃等作为材料。

一般来说，天花设计具有以下几个作用：

(1) 补充原有建筑物的一些不足。比如原有房屋的高度不是很合适，可以通过天花造型来进行弥补。另外，有些房屋的管线裸露在外，不美观，或者房屋的房梁在空间的位置不合适，都可以通过天花设计来进行适当的弥补。

(2) 强调整体的装饰效果。吊顶的造型多变，样式丰富，通过对吊顶的设计，能增强空间的设计感，使空间更富表达性。

(3) 划分空间。对空间的划分不仅可以使用墙体、隔断等方法，也可以通过设计吊顶的方式来进行。这样，空间既有分隔，又有联系，保持了空间的连续性和完整性。

(4) 丰富空间的光源层次。天花设计能够对空间的光源进行不同程度的划分，既可以完成对空间的再次划分，也可以营造出比较丰富的光源效果。

本任务天花图的设计包含了以下两个方面：

(1) 天花平面图。

(2) 天花造型定位图。

能力目标

(1) 了解天花设计的作用。

(2) 掌握常见的天花平面图和天花造型定位图的绘制方法。

(3) 能够自行进行简单天花造型图的绘制。

任务描述

房屋居住环境的顶部装修，简单地说，就是指天花板的装修，是室内装饰的重要组成部分之一。在选择吊顶装饰材料与设计方案时，要遵循省材、牢固、安全、美观、实用的原则。

在完成平面方案后，即可对天花板进行处理。一般来说，客厅、餐厅、卧室可以选择石膏板吊顶，厨房、卫生间可以选择扣板吊顶。

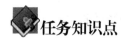 **任务分析**

天花设计在室内装饰设计中扮演着非常重要的角色，它会在很大程度上影响空间的整体规划，并会进一步影响房屋整体设计风格和款式。天花造型样式多变，能够表达出的含义也是非常丰富的。

通过观看平面图可以了解到，本案例中客厅和餐厅的分隔不是很明显，所以客厅与餐厅之间可以制作一个假梁吊顶。客厅做石膏板吊顶，卧室和餐厅做石膏线装饰。

任务知识点

通过本任务的学习，可以学到以下几个方面的知识：
(1) 掌握天花布局的概念。
(2) 掌握吊顶的布置方法。
(3) 能独立制作天花平面图和天花造型定位图。
本任务结构图如图 3-1 所示。

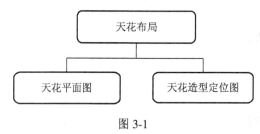

图 3-1

1. 吊顶分类

吊顶主要有以下几种类型：
(1) 异型吊顶：主要适用于卧室、书房等房间，采用云型波浪线或不规则弧线，一般不超过整体顶面面积的三分之一，如图 3-2 所示。

(2) 局部吊顶：在居室的顶部有水、暖、气管道，而且房间的高度又不允许进行全部吊顶的情况下，采用的一种吊顶方式，如图 3-3 所示。

图 3-2

图 3-3

(3) 格栅式吊顶：用木材做成框架，再镶嵌上透光或磨砂玻璃，光源设置在玻璃上面的一种吊顶方式，一般适用于餐厅与门厅，如图 3-4 所示。

(4) 藻井式吊顶：要求房间必须有一定的高度(高于 2.85 m)，且房屋面积较大，在房间的四周进行局部吊顶，可设计成一层或两层，如图 3-5 所示。

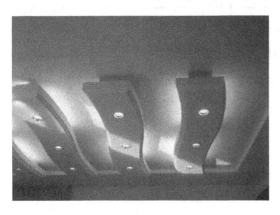

图 3-4

图 3-5

2. 吊顶材质

吊顶材质是区分吊顶名称的主要依据，主要有石膏板、矿棉板、方形镀漆铝扣板、彩绘玻璃、铝蜂窝穿孔吸音板等，还有目前常用于厨房与卫生间的铝扣板。

任务实施

1. 制作天花平面图

(1) 复制一份原始结构平面图,删除与顶棚无关的图块(注意保留房梁的线条),如图3-6所示。

注意:如果有墙体的改动,这里要复制平面布局图来进行吊顶的设计;一般情况下是使用原始结构平面图来进行吊顶的设计,只是在删除与顶棚无关的图块后,要把原始的房梁线条复制过来。本次任务所选的案例没有墙体变化,所以直接采用原始结构平面图来进行天花设计。

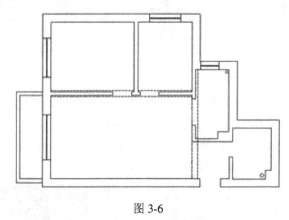

图 3-6

(2) 用直线命令将表示门洞的位置进行封闭,如图3-7所示。

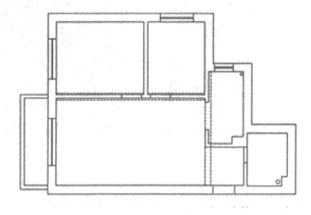

图 3-7

(3) 绘制窗帘箱：选择客厅、主卧、客卧墙线，向内侧偏移 200 mm 作为窗帘箱，如图 3-8 所示。

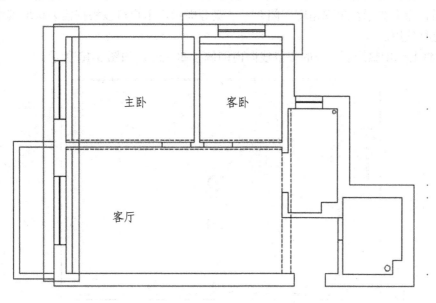

图 3-8

(4) 绘制主卧石膏线(主卧采用 80 mm 宽度的石膏线装饰)：沿着主卧窗帘盒、房梁、墙体的位置用多段线命令进行画线，如图 3-9 所示。

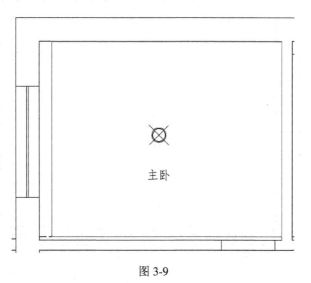

图 3-9

多段线：快捷键 PL。

使用方法：键盘输入"PL"，按空格键确认，拾取一点作为多段线的起点；在确定了第一点后，命令提示行出现角度、闭合、半宽等提示，用户可以根据需要选取其中的任一个选项进行使用。

(5) 将上一步骤绘制完成的多段线向内侧偏移 20 mm，如图 3-10 所示。

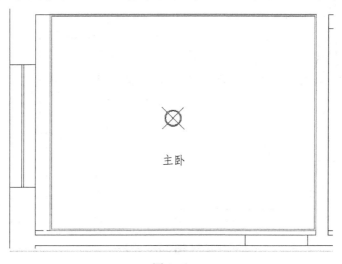

图 3-10

(6) 将上一步偏移得到的多段线向内侧偏移 40 mm，如图 3-11 所示。

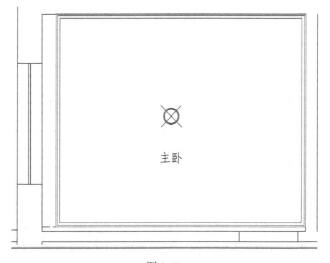

图 3-11

(7) 将上一步偏移得到的多段线向内侧偏移 20 mm。至此，主卧 80 mm 高度的石膏线绘制完成，如图 3-12 所示。

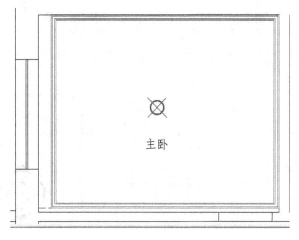

图 3-12

(8) 依照以上方法，将客卧 80 mm 高度的石膏线绘制完成。

(9) 在客厅与餐厅之间设计假梁，用来对客厅与餐厅进行分隔。假梁宽 200 mm，高 150 mm，如图 3-13 所示。

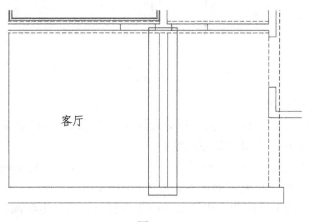

图 3-13

(10) 完成客厅吊顶的制作。

① 在 C 方向将表示墙体的线向内侧偏移 600 mm 作为吊顶，然后将偏移得到的线再向相反方向偏移 80 mm 作为灯带，灯带线形采用 "ACAD_IS002W100"。

② 在 A 方向用样条曲线命令绘制如图 3-14 所示的线条，最近距离为 400 mm，最远距

离为 600 mm；将上一步操作获得的实线向墙体方向偏移 40 mm 作为灯带，线形采用"ACAD_IS002W100"。完成后的效果如图 3-14、图 3-15 所示。

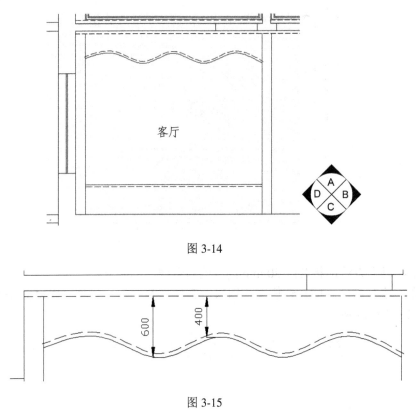

图 3-14

图 3-15

样条曲线：快捷键 SPL。

使用方法：键盘输入"SPL"，按空格键确认，依次用鼠标拾取点(起始点——一般点……一般点——端点)，最后按回车键确认完成绘制。

(11) 厨房和卫生间使用方形扣板吊顶，尺寸是 300 mm×300 mm(注意在绘制天花板时，要考虑房梁的位置)，填充后的效果如图 3-16 所示。

铝扣板是比较适合于厨房和卫生间吊顶的装饰材料，它具有防潮、防油污、阻燃等特性，同时又美观大方，运输及使用方便。铝扣板按表面处理的方法不同可分为喷涂、滚涂、覆膜三种类型。覆膜板是最受消费者欢迎的，它颜色丰富艳丽，轻质、耐水、不吸尘、抗腐蚀、易擦洗、易安装、立体感强，深受消费者喜欢。

厨房和卫生间的铝扣板常用的尺寸有 300 mm×300 mm 的方形扣板，宽度 100 mm 任意长度与宽度 150 mm 任意长度的长条形扣板。

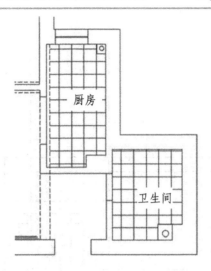

图 3-16

(12) 依照主卧石膏线的绘制方法为餐厅绘制 80 mm 的石膏线。

(13) 为卧室、客厅、餐厅、玄关、厨房、卫生间放置合适的灯具。卧室、餐厅、玄关、厨房、卫生间采用吸顶灯，客厅采用花灯，如图 3-17 所示。

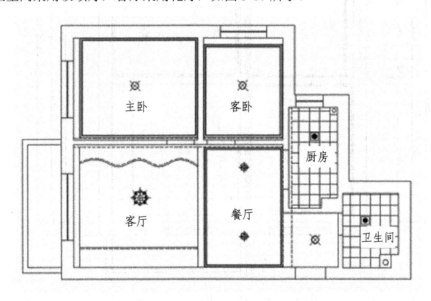

图 3-17

(14) 为吊顶图进行引线标注，如图 3-18 所示，至此天花平面图绘制完成。

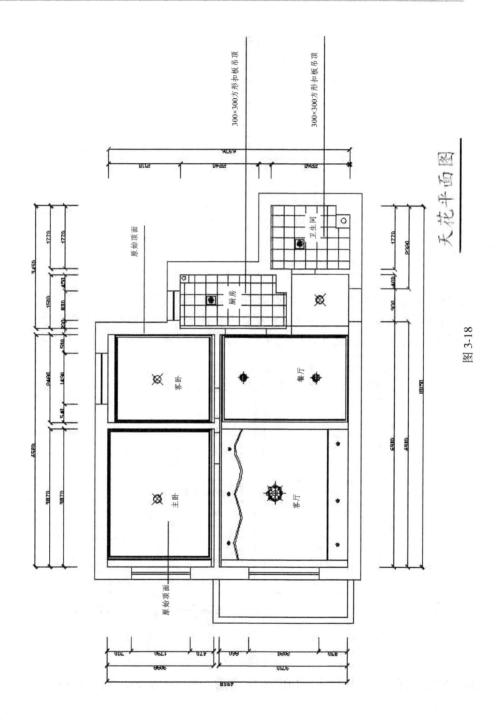

天花平面图

图 3-18

2. 制作天花造型定位图

(1) 复制一份绘制完成后的天花平面图，如图 3-19 所示。

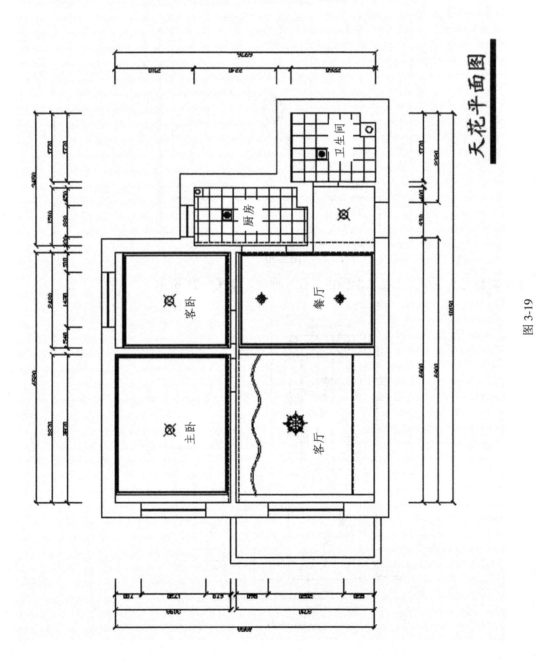

图 3-19

(2) 用线性标注对客厅天花平面图进行位置标注(注意只标注必要的尺寸即可),如图 3-20 所示。

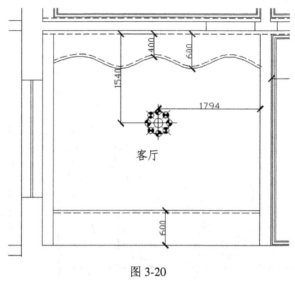

图 3-20

(3) 对厨房和卫生间天花平面图进行位置标注,如图 3-21 所示。

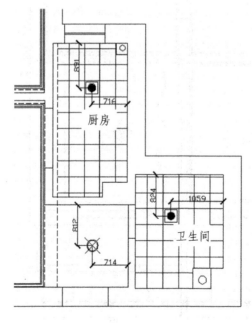

图 3-21

(4) 使用引线标注命令进行文字标注，如图 3-22 所示。

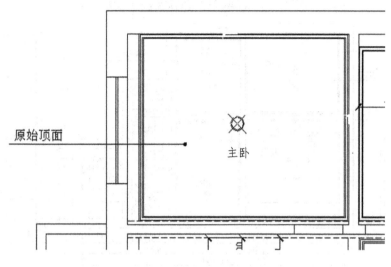

图 3-22

(5) 按照上述操作方法，将余下内容进行标注，如图 3-23 所示。

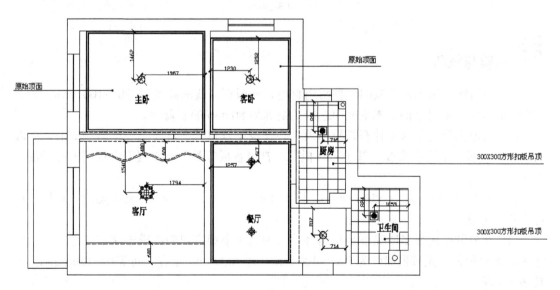

图 3-23

天花造型定位图制作完成后如图 3-24 所示。

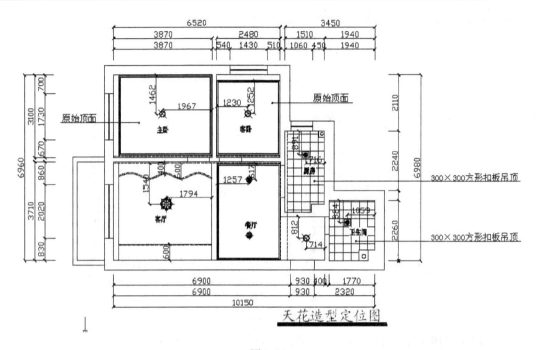

图 3-24

经验与技巧

(1) 石膏线是装饰天花板的一种常用材料，一般石膏线的高度是 70～100 mm，也有 120 mm、150 mm 尺寸的。本案例中选用的是高为 80 mm 的石膏线。

(2) 吊顶部分采用木龙骨石膏板吊顶。石膏板是以建筑石膏为主要原料制成的，一般有纸面石膏板、装饰石膏板、纤维石膏板和石膏吸音板等类型。本案例中使用的是纸面石膏板。

(3) 衣柜的宽度一般为 550 mm，如果空间充裕，可以做成 600 mm 的宽度，这样使用起来更加方便。

(4) 玄关鞋柜在很多情况下是根据客厅玄关的大小和客户的需求来制定尺寸的。一般来说，家庭用的玄关鞋柜深度为 300～400 mm，宽 1000 mm 左右，高 750～1200 mm，材质多为木质。

(5) 适宜做吊顶的情况：房屋顶面中有不适当的主次梁；空间划分的需要；卫生间与厨房；丰富光源效果。

 **拓展训练**

根据本书素材文件进行天花图的布置。

 **反馈评价**

根据拓展训练的内容进行测试，教师评分占 40%，学生评分占 60%。

评 价 内 容		评价等级(10分)		
		良好 (5分)	较好 (3分)	一般 (2分)
专业基础性	能够灵活运用 AutoCAD 基础命令			
	能够较好地绘制出天花布局图			
	能够根据客户的要求，自行设计出天花布局图			
职业素养性	能够理解客户的设计要求			
	能够完全表述自己的设计理念			
合　　计				
备注：				

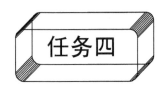

制作电视背景墙

电视背景墙是从公共建筑装修中引入的一个概念，它主要是指在客厅、办公室、卧室等空间利用一面墙反映自己的形象和风格。电视背景墙的设计要围绕主人的职业、爱好等因素展开。做主题背景墙设计时，一般来说要遵循以下三个原则：

(1) 设计上不能凌乱复杂，以简洁明快为好。现在的背景墙设计越来越简单，以简约风格为时尚。

(2) 色彩运用要合理。从色彩的心理作用来分析，色彩可以使房间看起来变大或缩小，给人以"凸出"或"凹进"的印象，可以使房间变得活跃，也可以使房间令人感觉宁静。

(3) 不能为做电视背景墙而做背景墙，背景墙的设计要注意家居整体的搭配，需要和其他陈设相互配合与映衬，还要考虑其位置的安排及灯光效果。

本案例要求为客户设计两种不同样式和材质的电视背景墙，均要求其简明利落，与室内空间协调，颜色淡雅。

能力目标

(1) 知道电视背景墙的常用材质。
(2) 掌握电视背景墙的设计原则。
(3) 能够自行设计电视背景墙。

任务描述

通过平面布局图和天花布局图的绘制，本案例房屋的整体规划已经初见雏形。应客户的要求，我们要为客户设计一款电视背景墙，要求造型简洁明了，不要过于花哨。另外，房屋整体装修风格简单温馨，客户希望电视背景墙的风格与房屋的整体装修风格保持一致。

客户是一对年轻夫妇，比较容易接受新鲜事物，对背景墙的设计没有太多想法，想听从设计师的建议。

任务分析

本案例中的电视背景墙面积不是很大，可操作的面积大概 7.5 m^2，所以不建议做复杂的造型，以免产生凌乱和局促的感觉。根据客户的要求，制作了两种不同风格的背景墙，供客户选择。

任务知识点

通过本任务的学习，可以学到以下几个方面的知识：

(1) 掌握不同电视背景墙的制作方法。

(2) 掌握不同材质电视背景墙的表现方法。

本任务的结构如图 4-1 所示。

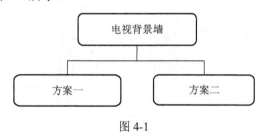

图 4-1

电视背景墙的常用材质有以下几种：

(1) 木质饰面板。木质饰面板广泛应用于装饰装修中，比如门窗、橱柜、家具等，都有可能用到木质饰面板。因为它种类多样，价格适中，现在也有很多人将其应用到背景墙的制作中。选用饰面板做背景墙，不易与居室内其他木质材料发生冲突，可更好地搭配形成统一的装修风格，清洁起来也非常方便。

(2) 具有天然纹理的石材。现在简约、自然的家居风格受到很多人的青睐，选用一些朴实、天然的材料，能让整个家有一种轻松自然的感觉。

(3) 玻璃与金属材料。这是人们常用的背景墙材料，在其中适当地镶嵌一些金属线，效果非常突出。也可以采用烤漆玻璃做背景墙，有增强采光的作用，具有很强的现代感。

(4) 墙纸、壁布。这种材料比较环保，遮盖能力强，施工简单，且用墙纸、壁布做电视背景墙更换起来非常方便，把自己的结婚照或生活照用作电视背景墙，感觉也非常温馨。

(5) 油漆、艺术喷涂。采用环保油漆喷涂到墙壁上，施工方便，成本低，颜色搭配随意。

(6) 软装饰品。采用陶瓷、木质等装饰品来装饰电视背景墙，甚至可以采用绿色植物进行装饰。在电视背景墙区域设置一些空间，用来摆放一些自己喜爱的装饰品，简单却不失品味。

(7) 液体壁纸。这是一种全新概念的新型艺术涂料，它高度自洁、易于清理，弥补了乳胶漆色彩单调、无图案选择的缺陷，又克服了壁纸易起皱、易开裂、有接缝、难清洗、寿命短、翻新难等缺点，是一种具备多重长处的新型内墙艺术涂料。

 **任务实施**

方案一：采用手绘墙和软装饰品的方式来设计一款电视背景墙，特点是灵活性强，可通过调整软装饰品和手绘墙的图案来营造不同感觉的电视背景墙效果。

(1) 复制一份平面布局图，如图 4-2 所示。

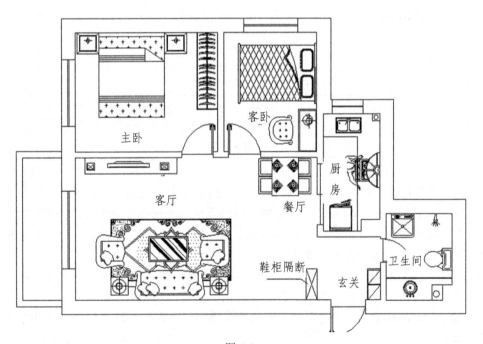

图 4-2

(2) 删除家具与文字标注等无用图块，如图 4-3 所示。

(3) 在要制作电视背景墙的位置画辅助线，如图 4-4 所示。

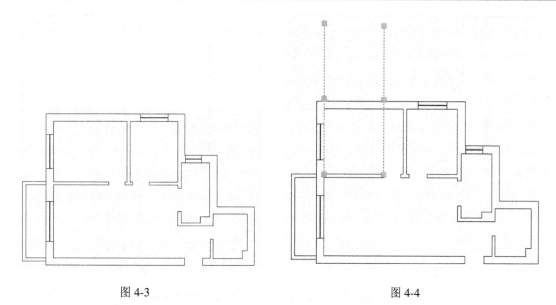

图 4-3　　　　　　　　　　　　　　　图 4-4

(4) 借助辅助线绘制立面框架(房间净高 2800 mm)，如图 4-5 所示。

(5) 对以上两个步骤绘制的辅助线进行修剪，再使用偏移命令将吊顶的底面位置确定(吊顶距离地面的高度为 2620 mm)，如图 4-6 所示。

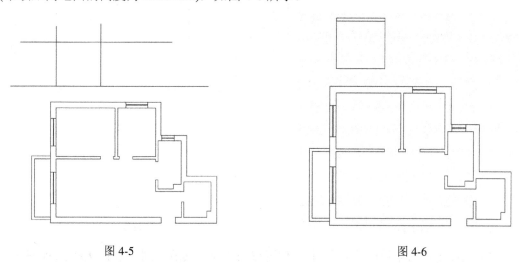

图 4-5　　　　　　　　　　　　　　　图 4-6

(6) 将表示吊顶底面的线向上偏移 80 mm，作为灯带，如图 4-7 所示。

(7) 左侧边线向右侧偏移 600 mm，作为造型的分界线，如图 4-8 所示。

图 4-7   图 4-8

(8) 用修剪命令对多余的线条进行修剪，修剪后效果如图 4-9 所示。

(9) 将表示地面的线向上偏移 200 mm，作为电视柜的位置，如图 4-10 所示。

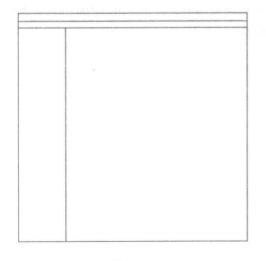

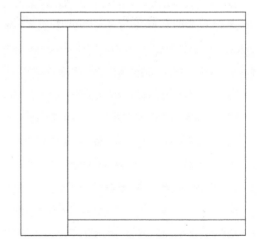

图 4-9   图 4-10

(10) 选取电视与电视柜的立面图，并使用移动命令将其放置到合适的位置上，如图 4-11 所示。

(11) 删除辅助线，并插入合适的手绘图图例，如图 4-12 所示。

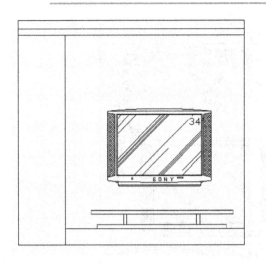
图 4-11

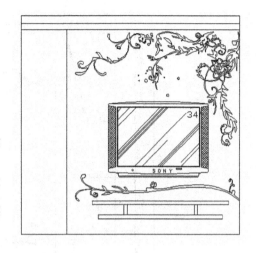
图 4-12

(12) 绘制长 300 mm、宽 25 mm 的矩形并复制 4 个，作为装饰隔板，隔板间距大体要相同，如图 4-13 所示。

(13) 在隔板上放置工艺品进行装饰，如图 4-14 所示。

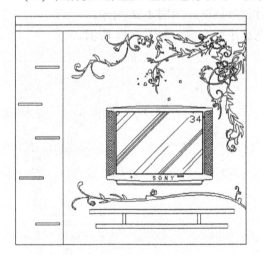
图 4-13

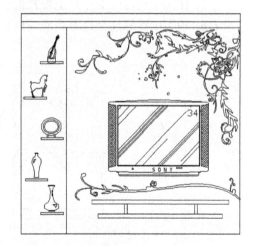
图 4-14

(14) 为电视背景墙进行尺寸标注，如图 4-15 所示。

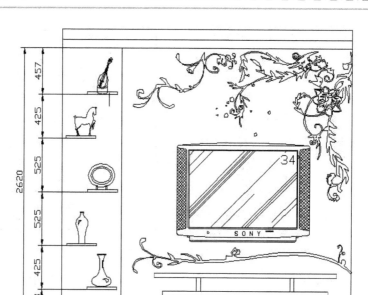

图 4-15

(15) 使用引线标注命令对电视背景墙进行材质标注，如图 4-16 所示。

(16) 使用引线标注命令对木质隔板和工艺品进行标注，如图 4-17 所示。

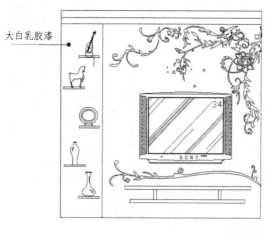

图 4-16

图 4-17

(17) 标注手绘墙部分，如图 4-18 所示。

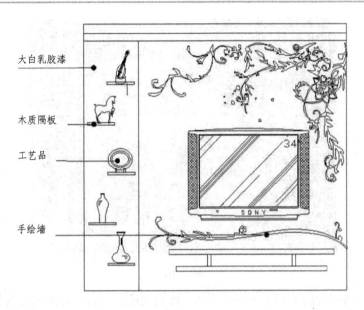

图 4-18

制作完成的电视背景墙如图 4-19 所示。

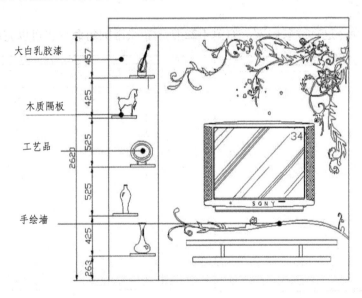

图 4-19

隔板示意图如图 4-20 所示。

图 4-20

方案二：采用石膏板来制作电视背景墙，特点是简洁大方，与周围家具的匹配性较好。

(1) 参考方案一步骤(1)至步骤(6)，在此不做赘述。

(2) 将上方、左右两侧的边线向中心方向分别偏移 200 mm，作为造型的界限，如图 4-21 所示。

(3) 用修剪命令进行线条修剪，如图 4-22 所示。采用圆角命令也可以完成修剪。

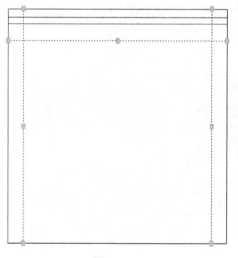

图 4-21

图 4-22

(4) 将上一步骤偏移后得到的边线分别向中心偏移 100 mm，如图 4-23 所示。

(5) 将上一步骤绘制完成的位于上方的线向中心方向偏移 200 mm，如图 4-24 所示。

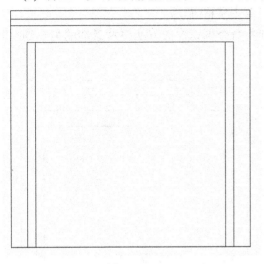

图 4-23

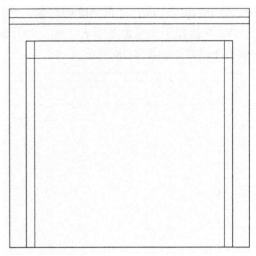

图 4-24

(6) 用修剪命令进行线条修剪，如图 4-25 所示。

(7) 为电视背景墙绘制半径为 300 mm 的圆角，如图 4-26 所示。

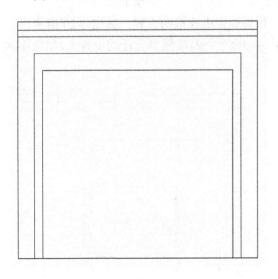

图 4-25

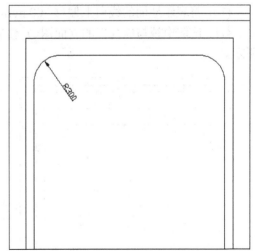

图 4-26

(8) 使用镜像命令将圆角进行镜像，如图 4-27 所示。

镜像快捷键：MI。

使用方法：键盘输入"MI"，按空格键确认，先选择镜像对象，按空格键确认，再选择合适的镜像线，选择是否删除源对象，最后单击空格确认。

(9) 直接使用镜像命令或者上述先使用圆角命令再镜像的方法将背景墙的另一侧也制作成圆角形状，如图 4-28 所示。

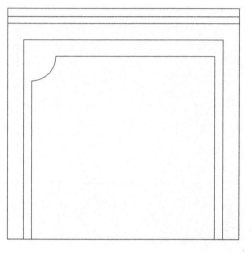
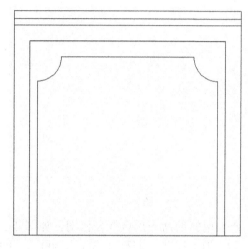

图 4-27   图 4-28

(10) 将表示地面的线向上偏移 200 mm，作为放置电视柜的位置，如图 4-29 所示。

(11) 选取电视与电视柜的立面图，并使用移动命令将其放置到合适的位置上，如图 4-30 所示。

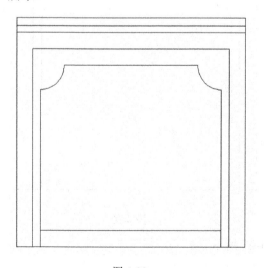
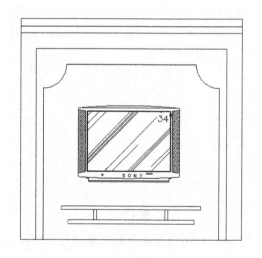

图 4-29   图 4-30

(12) 将圆角部分的线条向中心方向偏移 20 mm，勾勒花边，如图 4-31 所示。

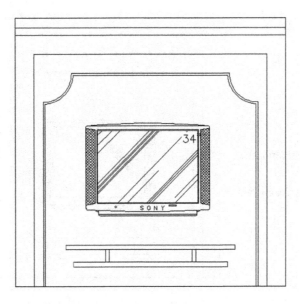

图 4-31

(13) 为电视背景墙进行尺寸标注，如图 4-32 所示。

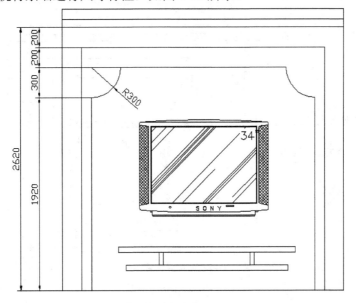

图 4-32

(14) 为电视背景墙进行材质标注，如图 4-33 所示。

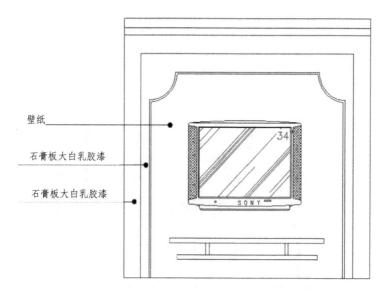

壁纸

石膏板大白乳胶漆

石膏板大白乳胶漆

图 4-33

制作完成的电视背景墙如图 4-34 所示。

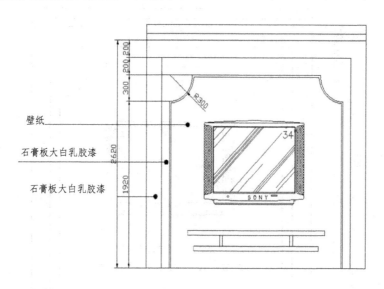

壁纸

石膏板大白乳胶漆

石膏板大白乳胶漆

图 4-34

依照上述方案制作的电视背景墙示意图如图 4-35 所示。

图 4-35

 经验与技巧

(1) 电视背景墙的制作：因为眼睛距离电视机的最佳距离是电视机尺寸的 3.5 倍左右，因此，不要把电视背景墙做得太厚，这样会导致客厅比较狭窄，进而会影响电视的视觉效果。

(2) 电视背景墙与沙发的位置：在制作电视背景墙的时候，要考虑沙发与电视背景墙的位置关系，因为这会影响眼睛与电视机的距离，最好是在沙发位置确定后再确定电视机的位置。另外，最好先确定电视机的尺寸，由电视机的大小确定背景墙的造型和尺寸，以免出现电视机尺寸与背景墙尺寸不匹配的情况。

(3) 电视背景墙与灯光的关系：如果有吊顶，电视背景墙要与顶面的吊顶相呼应，也要与吊顶的照明灯相呼应。因此，在制作电视背景墙的时候，要考虑墙面造型与灯光的关系，还要考虑灯光的色彩、强度和位置，尤其注意不要用强光照射电视机，避免眼睛产生疲劳。

拓展训练

制作如图 4-36、图 4-37 所示的电视背景墙。

图 4-36

图 4-37

 **反馈评价**

根据拓展训练的内容进行测试，教师评分占 40%，学生评分占 60%。

评 价 内 容		评价等级(10 分)		
		良好 (5分)	较好 (3分)	一般 (2分)
专业基础性	能够灵活运用 AutoCAD 基础命令			
	能够较好地绘制出背景墙立面图			
	能够根据客户的要求，自行设计背景墙立面图			
职业素养性	能够理解客户的设计要求			
	能够完全表述自己的设计理念			
合　　计				
备注：				

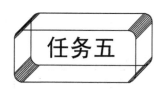

绘制开关插座布局图

绘制开关插座布局图的目的就是确定安装在墙壁上的电器开关与插座的位置。开关插座是用来接通和断开电路的家用电器,在家居设计中,其还有装饰的功能。

在进行家居装修时,需要先掌握布置开关插座的数量,为后面的布线做好准备。根据各房间功能的不同,需要的开关插座的数量、位置会有所不同。

能力目标

(1) 掌握常见的开关插座布置位置和高度。
(2) 能够自行绘制开关插座布局图。

任务描述

本任务是为不同的房间制作开关插座布局图。根据各房间功能的不同,需要把开关布置在合理的位置,方便客户使用,同时也要符合装修规范。

任务分析

因为各个房间具体功能不同,所以开关插座的位置也不尽相同。开关插座布局的重点是充分考虑客户的生活习惯,尽可能的方便用户使用。

任务知识点

通过本任务的学习,可以学到以下几个方面的知识:

(1) 掌握开关的布局方法。

(2) 掌握插座的布局方法。

本任务的结构如图 5-1 所示。

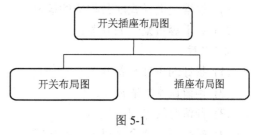

图 5-1

1．开关分类

开关有双控和单控之分，双控每个单元比单控多一个接线柱。一个灯在房里可以控制，在房外也可以控制称作双控。双控开关可以当单控用，但单控开关不可以作为双控开关使用。

(1) 按开关的启动方式分类：拉线开关、旋转开关、倒扳开关、按钮开关、跷板开关、触摸开关等。

(2) 按开关的连接方式分类：单控开关、双控开关、双极(双路)双控开关等。

(3) 按功能分类：一开单(双)控、两开单(双)控、三开单(双)控、四开单(双)控等。

2．开关插座的使用情况

1) 卧室

(1) 主灯，可以考虑床头双控开关。

(2) 有线电视的插座，如果位置不确定是否合适，可以考虑配备插座。

(3) 在两个床头柜附近加一个插座，以备不时之需。

(4) 空调插座的位置是否合适，高度是否达标。

(5) 有过道的地方可以加灯，并配备开关。

(6) 光线不好的大衣柜可以加灯，注意配备开关。

(7) 机动插座 2 个，放在开阔无遮挡墙面，供偶尔使用的电器使用，如吸尘器、电熨斗等。

2) 卫生间

(1) 浴霸或排气扇的开关。

(2) 镜灯的开关，镜边为刮胡刀、吹风机等偶尔使用的电器配备插座。

(3) 主灯的开关。

(4) 洗衣机插座。

(5) 热水器插座。

(6) 智能马桶插座。

3) 客厅

(1) 有线电视相关电源 3 个，最好能安装 3 个五孔插座。

(2) 沙发后边两侧各放 1 个插座。

(3) 机动插座 4 个。

(4) 根据空调样式配备相应的插座。

(5) 灯带等效果灯的开关。

4) 餐厅

(1) 餐灯的主灯配备开关。

(2) 预留饮水机的插座。

(3) 预留有线电视的插座。

(4) 机动插座 2 个，以备不时之需。

5) 厨房

(1) 抽油烟机插座。

(2) 电饭煲、微波炉、电冰箱、电烤箱、电磁炉等 5 个插座。

(3) 机动插座 2 个。

 **任务实施**

1. 开关布局图

(1) 从素材文件中复制一份天花平面图，并将标题名字修改为开关布局图，如图 5-2 所示。

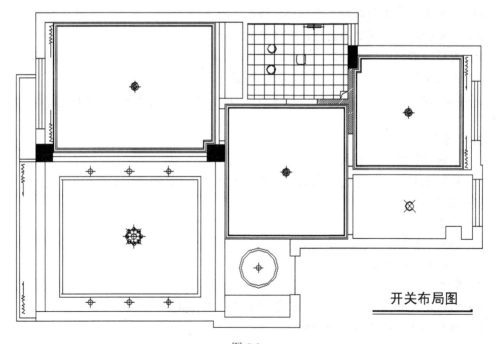

开关布局图

图 5-2

(2) 观看素材文件中的平面布局图，了解各个房间的功能，为下一步进行开关布置做准备工作，如图 5-3 所示。

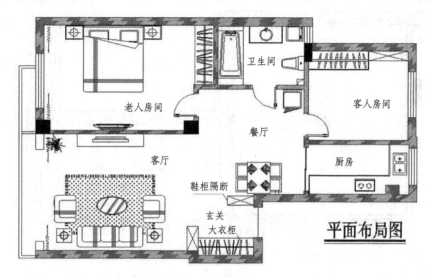

图 5-3

(3) 客厅部分有三种类型的灯需要开关，分别是控制灯带、六个筒灯和客厅中间的花灯。可以采用三开电源开关，分别控制三种不同类型的灯具。

开关的位置一般在距离门框 150～200 mm 为宜，便于使用，当然还要参考具体施工环境和客户的生活习惯等。

玄关位置的灯带和吊灯可以采用双开电源开关。

客厅与玄关的开关布置如图 5-4 所示。

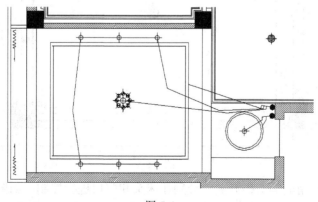

图 5-4

(4) 餐厅和厨房的开关布置如图 5-5 所示,采用双开开关分别控制餐厅和厨房的吊灯(注意开关的位置要便于客户日常使用)。

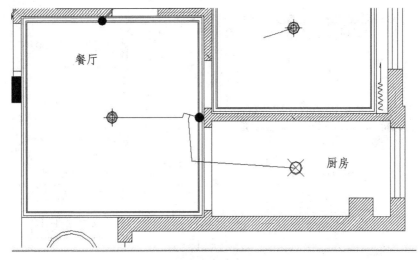

图 5-5

(5) 老人房间采用的是双控开关,分别在门口和床头进行控制,如图 5-6 所示。

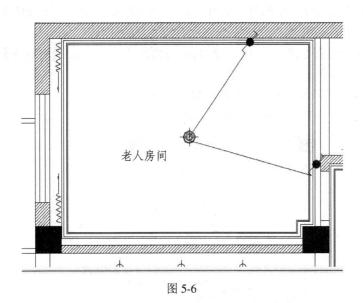

图 5-6

(6) 客人房间采用的是双控开关,分别在床头和门口进行控制,如图 5-7 所示。

(7) 卫生间的开关布置如图 5-8 所示。在卫生间外侧布置一个单独开关,控制卫生间主照明；在卫生间内放置一个三开开关，分别控制灯暖、排风和镜前灯。

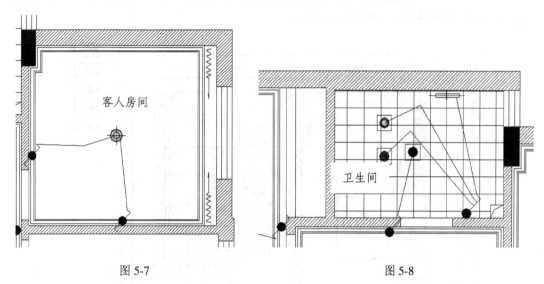

图 5-7　　　　　　　　　　　　　　　　　　　图 5-8

最终完成的开关布局如图 5-9 所示。

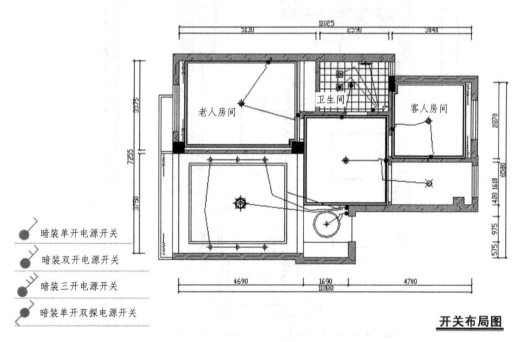

图 5-9

2. 插座布局图

(1) 复制平面布局图，如图 5-10 所示。

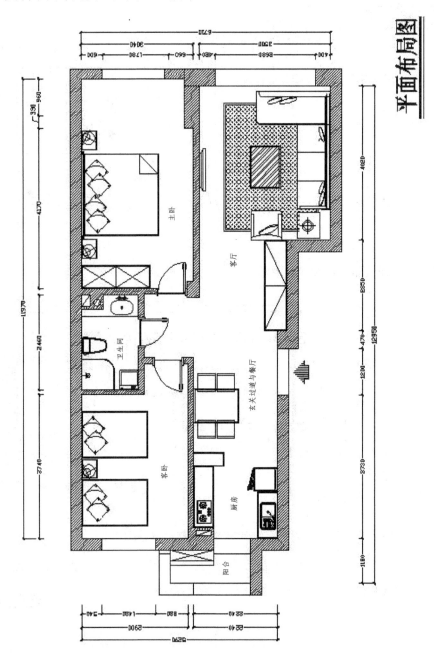

图 5-10

(2) 客卧室的插座布置如图 5-11 所示。在客卧的两个床头旁安装了 2 个五孔插座，在客卧无遮挡的地方再配备 2 个五孔插座，以备不时之需。

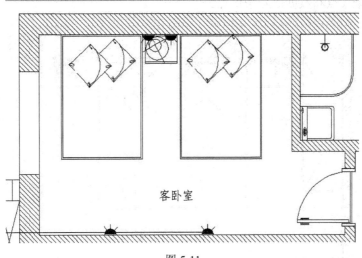

图 5-11

(3) 客厅的插座布置如图 5-12 所示。客厅安装了 2 个五孔插座，如果条件允许最好能安装 3 个五孔插座，以备不时之需。另外，客厅部分还配置了视频信号采集点(TV)和数据信号采集点(TD)。在客厅沙发的位置为照明灯布置了 2 个五孔插座，同时还配置了音频信号采集点(TP)。

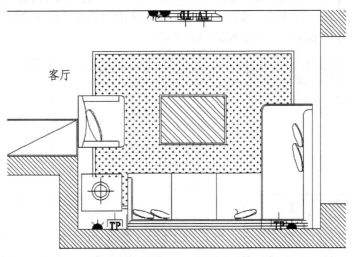

图 5-12

(4) 主卧室的插座布置如图 5-13 所示。在床头灯的位置配备了 2 个五孔插座，同时装有 2 个音频信号采集点；在主卧无遮挡墙的位置安装 2 个五孔插座，以备不时之需，还布置了视频信号采集点和数据信号采集点。

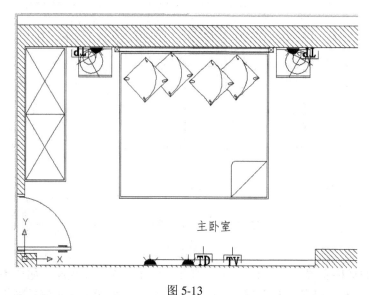

图 5-13

(5) 厨房和餐厅的插座布置如图 5-14 所示。厨房和卫生间比较潮湿，所以用电安全十分重要。在这两个地方使用的插座都应是防水五孔插座。为抽油烟机插座安装防水五孔插座，在右侧为电饭煲、微波炉也安装防水插座。在水槽附近安装机动插座 1 个。冰箱安装防水五孔插座 1 个。餐桌位置安装机动插座 1 个。

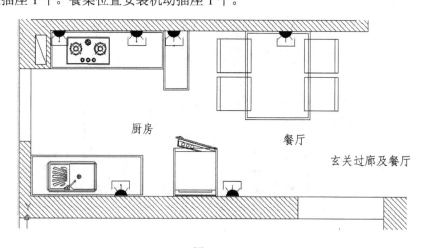

图 5-14

(6) 卫生间的插座布置如图 5-15 所示。洗衣机附近安装 1 个五孔插座，坐便器附近安装 1 个五孔插座。在洗手台附近预留 2 个五孔插座，供吹风机、剃须刀等电器使用。一般还要预留热水器的插座(注意热水器插座要在使用方便的前提下远离淋浴区)。

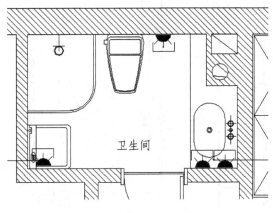

图 5-15

(7) 为插座布局图进行必要的文字标注，如图 5-16 所示。

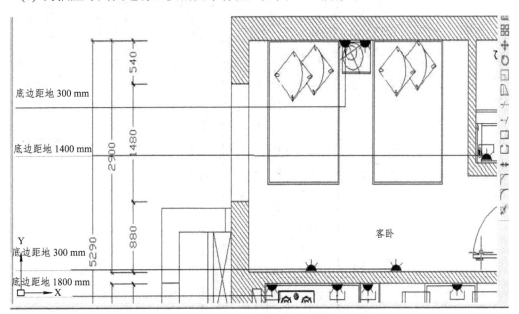

图 5-16

最终设计完成的插座布局图如图 5-17 所示。

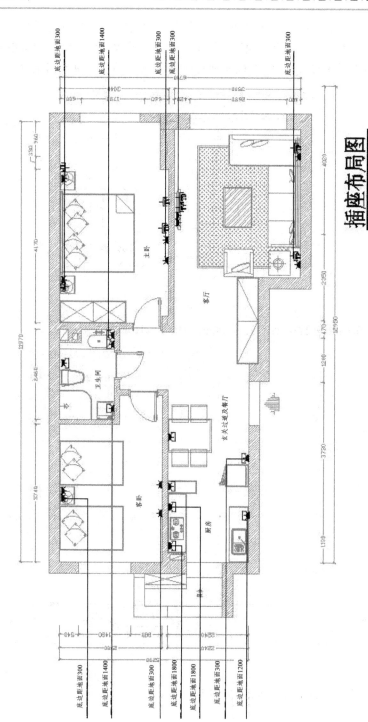

插座布局图

图 5-17

经验与技巧

确定开关插座的位置应该从以下几个方面考虑实用性和方便性：

(1) 家庭中家具的摆放位置和尺寸要有规划，应与开关插座的位置相配套，以免出现冲突。

(2) 空间中潮湿的位置或者近水区域要安装带防潮盖的插座。

(3) 充分了解客户的需求，了解客户的生活习惯。

 拓展训练

根据本书素材文件的要求，运用自己所掌握的知识，进行开关插座布局设计并进行设计方案讲解。

 反馈评价

根据拓展训练的内容进行测试，教师评分占 40%，学生评分占 60%。

评价内容		评价等级(10分)		
		良好 (5分)	较好 (3分)	一般 (2分)
专业基础性	能够灵活运用 AutoCAD 基础命令			
	能够较好地绘制出开关插座布局图			
	能够根据不同图纸的要求，自行设计出开关插座布局图			
职业素养性	能够理解客户的设计要求			
	能够完全表述自己的设计理念			
合计				
备注：				

综 合 训 练

在关系家居空间设计质量的因素中，平面方案最能影响居住者对生活功能的要求。所以，一个好的平面设计方案首要因素是能够满足业主的功能需求，在满足业主功能需求之后，设计者需要根据功能划分功能区域，并根据人体工程学的尺寸需要筹划功能分区，然后使用 CAD 等设计辅助软件绘制图纸，最后与业主反复沟通，直至确定方案。

平面布局的好坏直接代表着装饰文化的高低，不同文化层次和需求的客户对空间、环境的要求是不同的，根据特定情况进行平面布局设计，是每个设计师需要反复考虑的问题。

对于空间的设计，舒适度的要求要大于装饰性的要求，在能够满足舒适的同时去追求装饰效果是比较理想的做法。

能力目标

(1) 能够完成平面布局图的绘制。
(2) 能完成电视背景墙立面图的绘制。
(3) 知道卫生间的装修要点。

任务描述

本项目位于华阳风尚小区，位于大连市沙河口区。本次设计的户型为两室两厅一厨两卫，建筑面积为 100 m^2。客户为公司白领，要求房屋设计风格为现代简约式，空间布局要合理，不喜欢过于张扬的设计风格。

任务分析

一般面积在 90～120 m^2 的两居室房屋被定义为中等户型。由于人们的生活节奏不断加快，以往那些讲究厚重辉煌的宾馆酒店式家庭装修很少再有人采用，而那些造型简单、淳朴，装饰简洁的风格逐渐流行起来。一方面是由于简约主义的家装极大地减少了后期缺少变化空间的缺点，容易进行空间艺术的重组；另一方面，宾馆酒店式的家装，其较复杂的造型一般也经不住长久观看，容易过时，要想重新改造势必大费周折。

在本案例中，客户尤其强调了现代简约的装修风格，更加凸显了现代人对装修的认识不仅仅是硬件方面的强调，更希望能够营造出符合个人生活习惯的居住氛围。

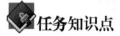**任务知识点**

通过本任务的学习，可以学到以下几个方面的知识：
(1) 知道平面方案的整体绘制过程。
(2) 了解 AutoCAD 软件常用的快捷键。
(3) 掌握人体工程学在平面设计中的具体应用。

**任务实施**

1. 原始结构平面图的绘制

(1) 启动 AutoCAD，将状态栏的"正交"打开。单击菜单栏"工具"选项卡中的"草图设置"命令，打开"草图设置"对话框，选择该对话框中"对象捕捉"选项卡下的全部对象捕捉模式，如图 6-1 所示。从入户门的位置开始使用直线命令绘制图纸，保证入户门在绘图纸的下方。

(2) 绘制尺寸为 200 mm 的水平线。键盘输入"L"，按空格键确认；再单击鼠标左键并拖动鼠标，给定画线方向(水平或者垂直)，然后键盘输入 200 mm，按空格键确认，如图 6-2 所示。

图 6-1

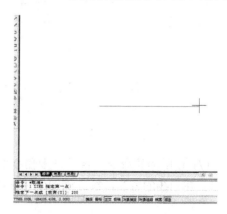

图 6-2

(3) 绘制垂直方向 960 mm 和水平方向 150 mm 的线条。接着上一步骤的操作，先给定垂直方向，然后键盘输入"960"，按空格键确认。接下来再给定水平方向，然后键盘输入"150"，按空格键确认。效果如图 6-3 所示。

(4) 采用上述画线的方法，继续画线后，效果如图 6-4 所示。

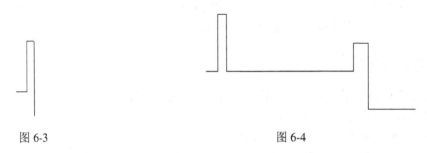

图 6-3   图 6-4

(5) 绘制表示厨房的门洞：使用偏移命令，将上一步骤绘制的线向上方偏移 1320 mm，完成厨房门洞的绘制，如图 6-5 所示。

(6) 使用偏移命令，将上一步绘制的直线偏移 890 mm，完成门洞的绘制，如图 6-6 所示。

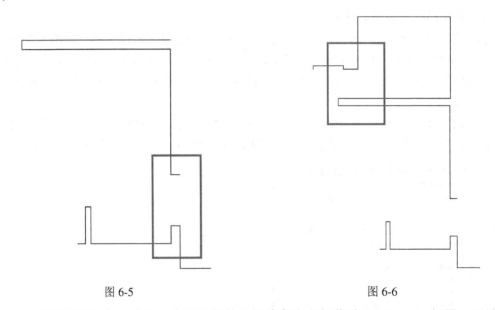

图 6-5   图 6-6

(7) 使用偏移命令，将上一步骤获得的门洞线条向左侧偏移 1020 mm，如图 6-7 所示。使用上述画线的方法，继续画图(注意标记窗线的位置)。

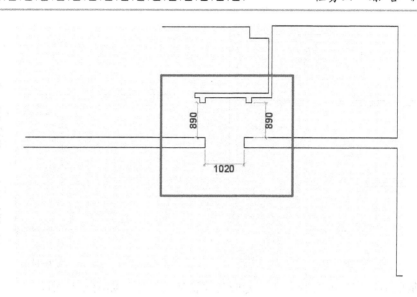

图 6-7

(8) 使用偏移命令，将上一步表示卫生间门洞的线条向左侧偏移 710 mm，完成卫生间门洞的绘制，如图 6-8 所示。

(9) 依照前述方法，完成内墙线的绘制，如图 6-9 所示。

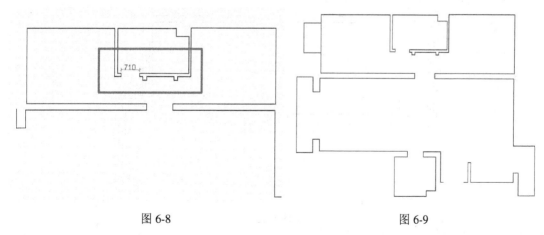

图 6-8   图 6-9

(10) 添加外墙线：将内墙线向外侧偏移 370 mm，然后使用圆角命令完成外墙线的绘制，如图 6-10 所示。

(11) 添加窗户：依照绘制内墙线时所做的标记，用线将窗的外侧画出来。两侧的线分别向中心方向偏移 120 mm，如图 6-11 所示。

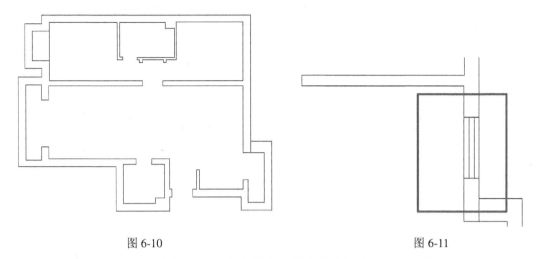

图 6-10　　　　　　　　　　　　　　图 6-11

(12) 依照前述窗体的绘制方法，完成其他窗体的绘制，如图 6-12 所示。

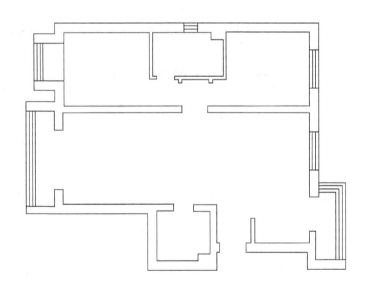

图 6-12

(13) 绘制房梁：房梁尺寸如图 6-13、图 6-14 所示。线型的设置方法详见任务一(注意使用虚线来表示房梁)。

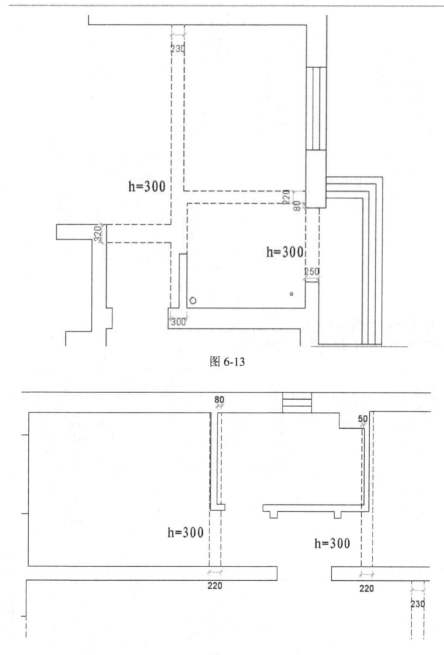

图 6-13

图 6-14

(14) 使用多行文字命令在相应位置进行文字标注，完成效果如图 6-15 所示。

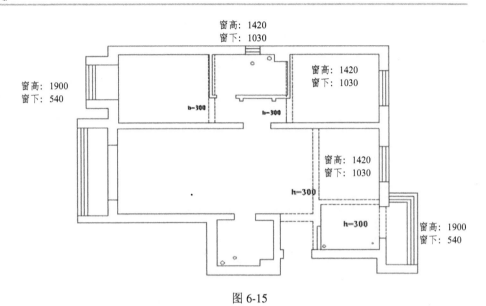

图 6-15

(15) 标注尺寸(一般标注内墙、门窗的尺寸)。

① 如图 6-16 所示，用直线绘制辅助线。

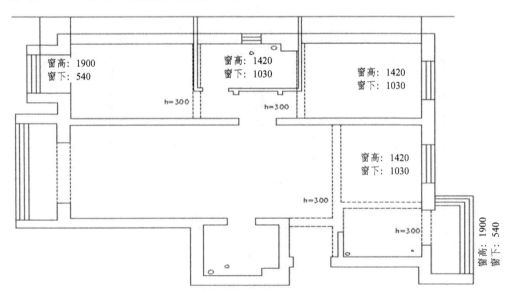

图 6-16

② 使用快速标注进行第一层标注，并删除多余的标注，如图 6-17 所示。

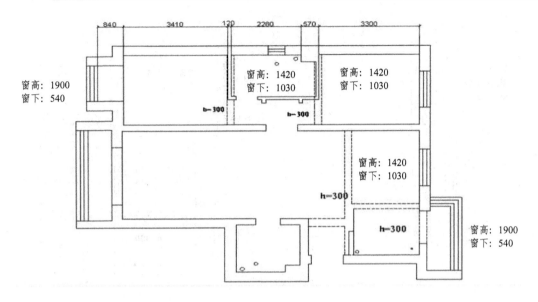

图 6-17

③ 使用线性标注进行第二层标注，然后删除辅助线，如图 6-18 所示。

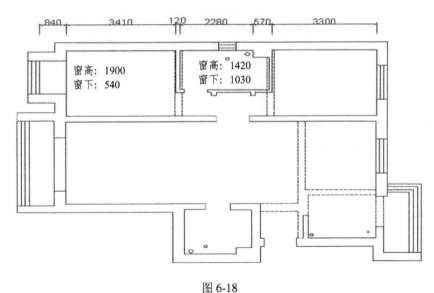

图 6-18

垂直方向的标注如图 6-19 所示。

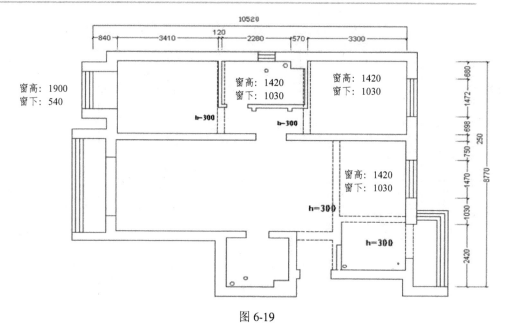

图 6-19

原始结构平面图完成后效果如图 6-20 所示。

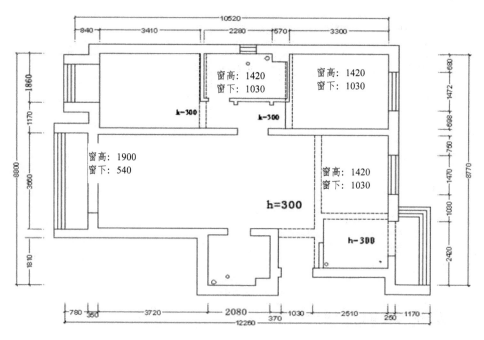

图 6-20

2. 墙体改动图

(1) 砸掉的墙体部分：在如图 6-21 所示的位置将墙体砸掉。这样处理的目的是保证卫生间的门洞宽度为 800 mm，去掉多余的墙面也可以使客卧的墙体整齐。

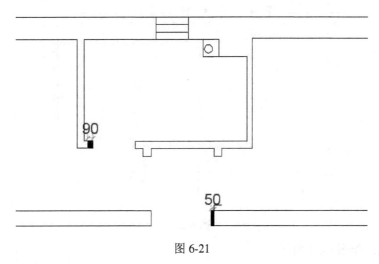

图 6-21

墙体砸掉后的图如图 6-22 所示。

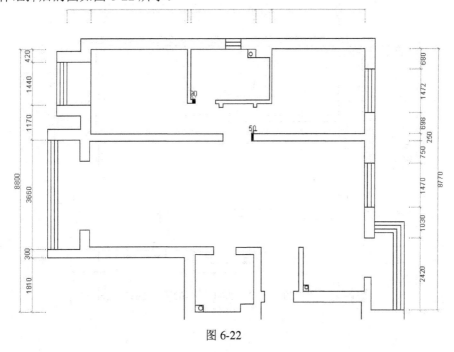

图 6-22

(2) 新砌的墙体：在主卧、客卧的门位置新砌厚 90 mm 的墙体；在入户门的右侧把墙体加长，尺寸为 520 mm，如图 6-23 所示。

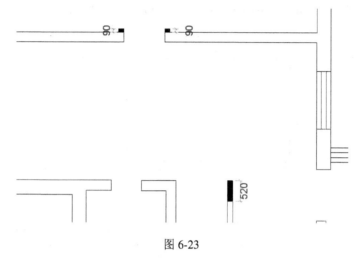

图 6-23

砌墙完成图如图 6-24 所示。

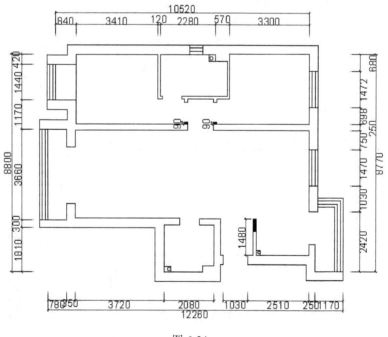

图 6-24

(3) 砸墙砌墙的填充。图案填充：键盘输入"H"，按空格键确认，系统弹出"边界图案填充"对话框。采用不同的颜色来代表砸掉的墙体和新砌的墙体，例如：砸掉的墙体部分用红色填充，新砌的墙体用蓝色填充。砸墙砌墙图如图 6-25 所示。

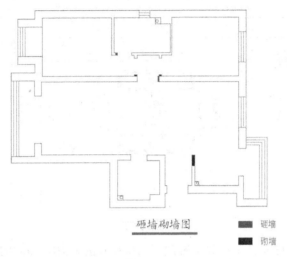

图 6-25

3. 平面布局图的绘制

(1) 客厅布置。客厅 A 墙面放置电视背景墙，C 墙面放置沙发背景墙。在客厅中放置尺寸为 860 mm × 300 mm 的隔断。从素材文件中选择合适的沙发、电视插入平面图中(可使用组合键 Ctrl + C、Ctrl + V 进行操作)。再将选择的家具进行移动、旋转操作，放置到合适的位置上。客厅布置如图 6-26 所示。

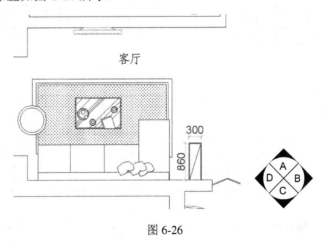

图 6-26

(2) 餐厅布置。使用直线、偏移等命令，在餐厅 A 墙面放置 1200 mm × 600 mm 的书桌，再在其右侧放置 2740 mm × 300 mm 的酒水柜，然后在餐厅放置餐桌椅一套。餐厅布置如图 6-27 所示。

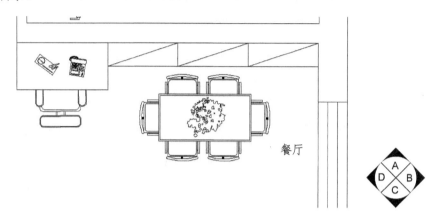

图 6-27

(3) 厨房及玄关布置。在玄关位置放置 1000 mm × 310 mm 的鞋柜。在厨房绘制宽 600 mm 的橱柜。在厨房放置冰箱、水槽和燃气灶，并放置尺寸为 1330 mm × 750 mm 的餐桌及配套吧凳。厨房及玄关布置如图 6-28 所示。

(4) 主卧布置。在主卧 A 墙面放置双人床，B 墙面放置 1600 mm × 550 mm 的衣柜，主卧布置如图 6-29 所示。

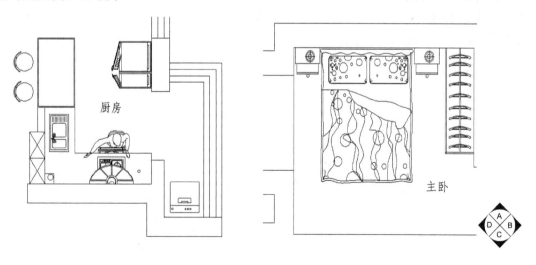

图 6-28

图 6-29

（5）客卧布置。在客卧 A 墙面放置双人床，D 墙面放置 1600 mm × 550 mm 的衣柜。客卧布置如图 6-30 所示。

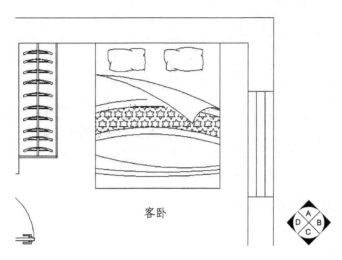

客卧

图 6-30

（6）主卫布置。在主卫 A 墙面放置宽 600 mm、长 1800 mm 的面盆台，B 墙面放置淋浴，C 墙面放置坐便器。主卫布置如图 6-31 所示。

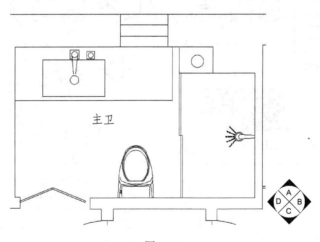

主卫

图 6-31

（7）次卫布置。在次卫 B 墙面放置宽 600 mm 的洗面盆，D 墙面放置 900 mm × 900 mm 的淋浴和坐便器。次卫布置如图 6-32 所示。

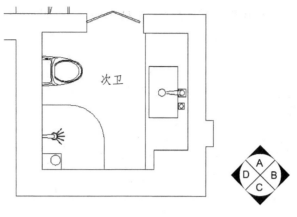

图 6-32

平面布局图完成后如图 6-33 所示。

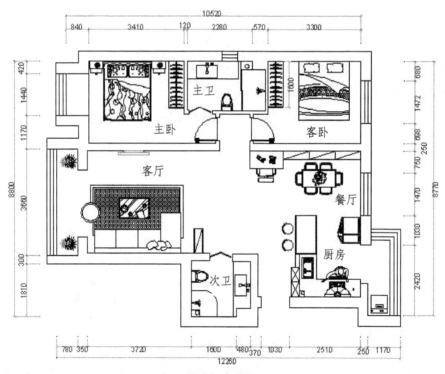

平面布局图

图 6-33

4. 天花布局图的绘制

(1) 复制一份平面布局图，删除与顶棚无关的图块，如图 6-34 所示。

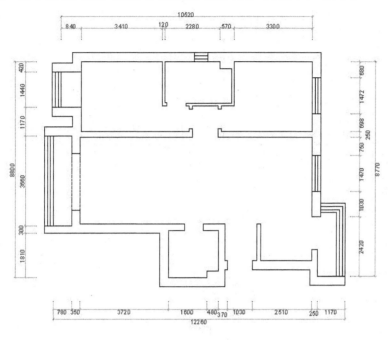

图 6-34

(2) 用直线将门洞的位置封闭起来(注意要把表示房梁的线条复制到图纸中)，如图 6-35 所示。

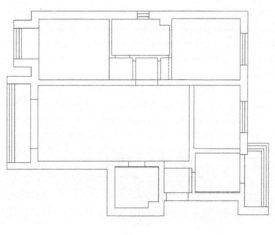

图 6-35

(3) 绘制窗帘箱。选择客厅、主卧、客卧的墙线向室内方向偏移 200 mm，为其添加窗帘箱，如图 6-36 所示。表示窗帘的线型采用 "FENCELINE1"。

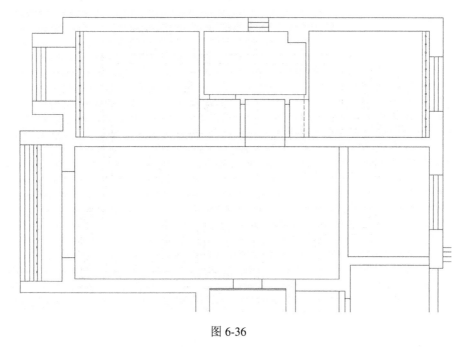

图 6-36

(4) 客厅采用吊顶装饰。由于客厅与过廊之间没有任何分隔，所以将客厅与过廊采用统一吊顶，造型如图 6-37 所示。

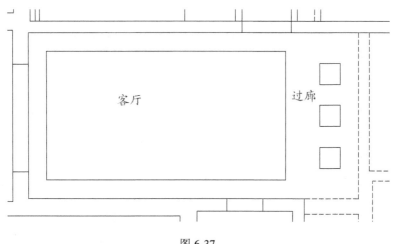

图 6-37

(5) 设计如图 6-38 所示尺寸的吊顶。

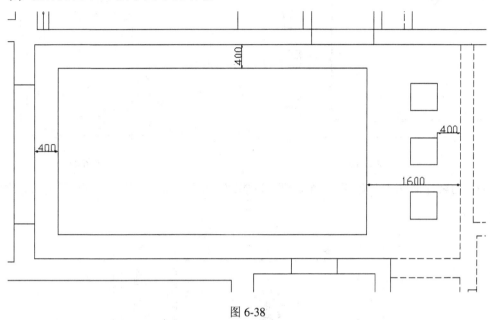

图 6-38

(6) 将客厅吊顶线条向外侧偏移 80 mm，作为灯带，如图 6-39 所示。灯带线型采用 "DASH"，线型比例为 "20"。

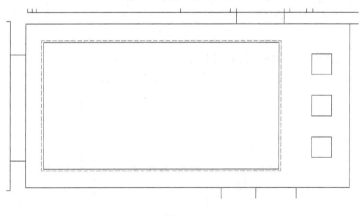

图 6-39

(7) 过廊部分的吊顶添加石膏线造型，石膏线宽度是 80 mm，如图 6-40 所示。
石膏线绘制尺寸如图 6-41 所示。

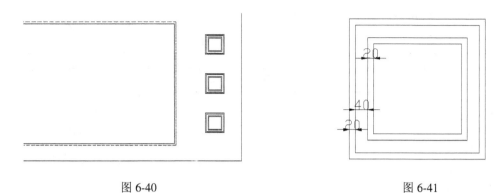

图 6-40   图 6-41

(8) 为客厅添加 1 盏花灯、6 个筒灯。过廊部分使用筒灯。客厅与过廊吊顶完成后如图 6-42 所示。

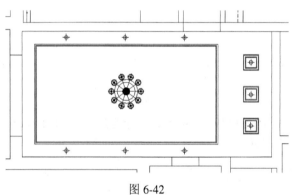

图 6-42

(9) 餐厅设计如图 6-43 所示的弧形吊顶。

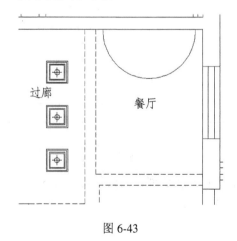

图 6-43

弧形吊顶的尺寸如图 6-44 所示。

(10) 将上一步绘制的弧线向下方偏移 200 mm，并进行修剪。获得的弧线如图 6-45 所示。

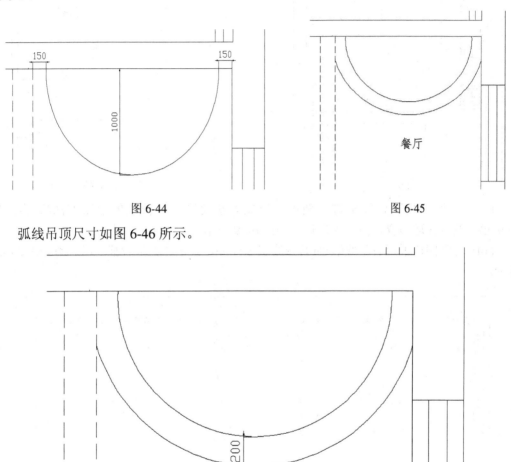

图 6-44　　　　　　　　　　　　　　　　图 6-45

弧线吊顶尺寸如图 6-46 所示。

图 6-46

(11) 将表示吊顶的线条分别向两侧进行偏移，作为灯带，偏移尺寸为 80 mm，如图 6-47 所示。线型采用 "DASH"，线型比例为 "20"。

(12) 为餐厅添加合适的灯具，上半圆弧吊顶内使用吊灯，下半圆弧吊顶内使用吸顶灯，如图 6-48 所示。

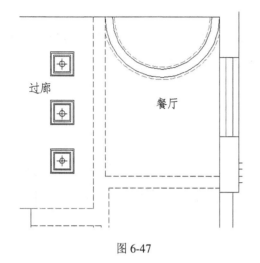

图 6-47

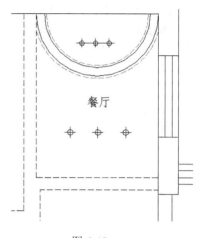

图 6-48

(13) 主卧采用石膏线条进行装饰,绘制方法同过廊石膏线的绘制方法(石膏线宽80 mm),然后在适当位置插入吸顶灯,如图 6-49 所示。

(14) 客卧同样采用石膏线装饰(石膏线宽 80 mm),并在适当位置插入吸顶灯,如图 6-50所示。

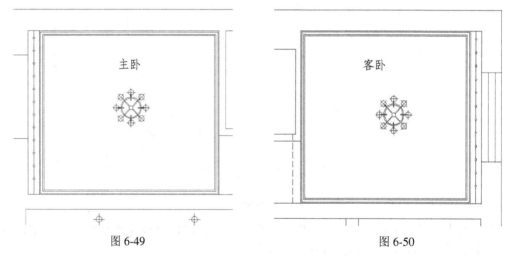

图 6-49

图 6-50

(15) 玄关采用石膏板吊顶,将墙线和表示房梁的线分别向玄关的中心方向偏移 300mm,作为吊顶造型的边界线,如图 6-51 所示。

(16) 为玄关添加一盏吸顶灯,如图 6-52 所示。

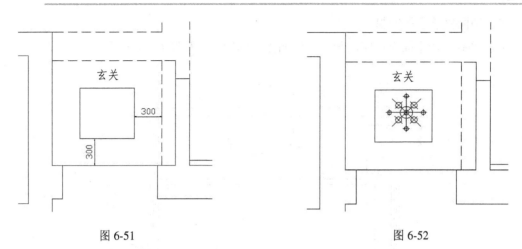

图 6-51   图 6-52

(17) 厨房、主卫、客卫采用 300 mm×300 mm 的铝扣板吊顶，并绘制浴霸等图例。天花布局图绘制完成后如图 6-53 所示。

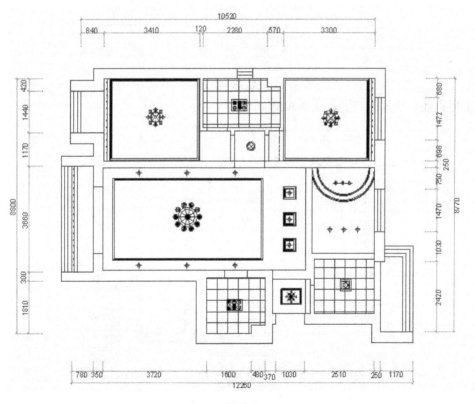

图 6-53

5．地面材质图的绘制

(1) 复制一份平面布局图，删除与地面无关的图块，如图 6-54 所示。

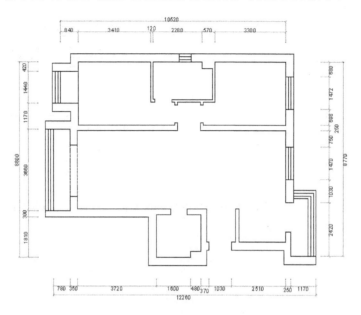

图 6-54

(2) 用直线命令封闭门洞，如图 6-55 所示。

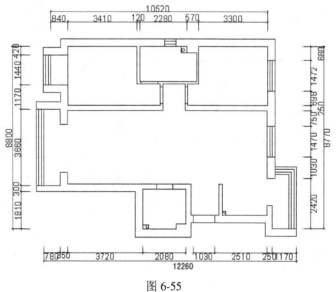

图 6-55

（3）依地面材质设计进行材质标注，如图 6-56 所示。

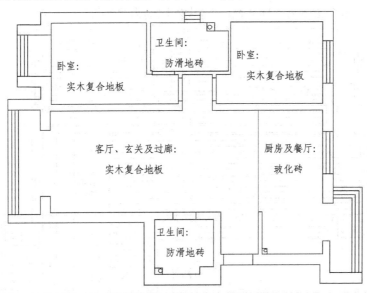

图 6-56

（4）对厨房及餐厅位置进行填充，如图 6-57 所示。填充图案为"NET"，设置比例为"190"，地砖采用 600 mm×600 mm 的玻化砖。

（5）对主卫进行填充，如图 6-58 所示。填充图案为"NET"，设置比例为"95"，地砖采用 300 mm×300 mm 的防滑地砖。

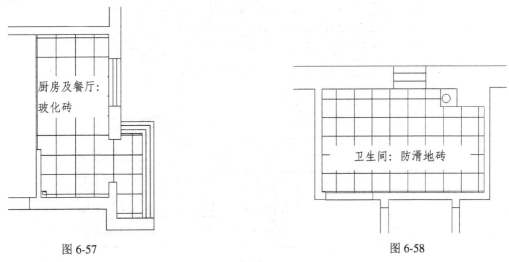

图 6-57　　　　　　　　　　　　　　图 6-58

(6) 卧室、客厅、玄关及过廊地面采用实木复合地板，采用上述填充方法进行填充，如图 6-59 所示。填充图案为"DOLMIT"，设置比例为"30"。

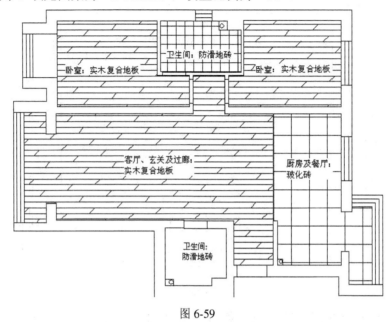

图 6-59

(7) 将另外一个卫生间的地面材质进行填充，如图 6-60 所示。

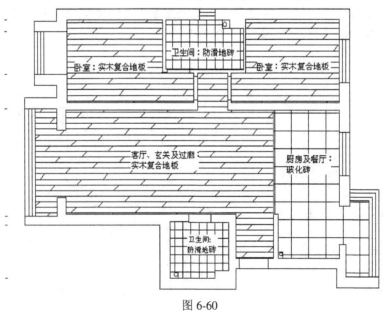

图 6-60

(8) 对填充完成的材质进行文字标注。

地面材质图绘制完成后如图 6-61 所示。

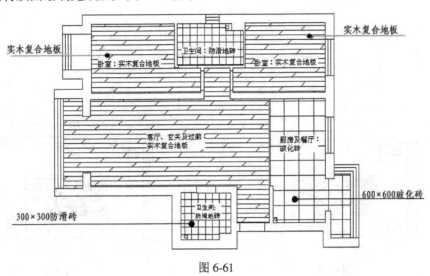

图 6-61

6. 电视背景墙的制作

(1) 复制一份平面布局图，如图 6-62 所示。

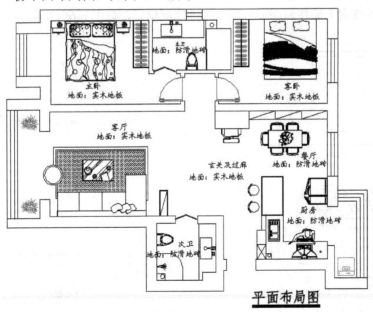

图 6-62

(2) 在要制作电视背景墙的位置绘制边线，如图 6-63 所示。

(3) 绘制表示房高的辅助线(房高 2800 mm)，如图 6-64 所示。

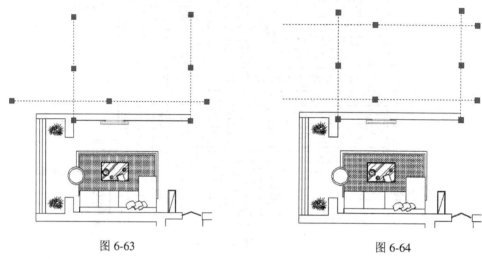

图 6-63　　　　　　　　　　　　图 6-64

(4) 对辅助线进行修剪，再使用偏移命令确定吊顶的底面位置(吊顶离地面的高度为 2620 mm)，如图 6-65 所示。

(5) 将吊顶线向上偏移 80 mm，作为吊顶立面位置，如图 6-66 所示。

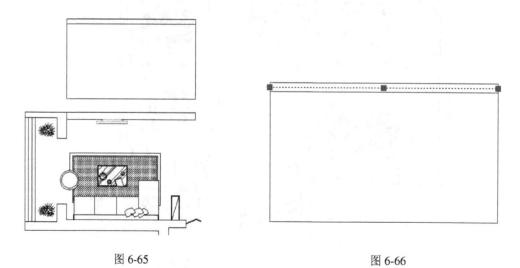

图 6-65　　　　　　　　　　　　图 6-66

(6) 将两侧边线向中心偏移 600 mm，作为造型的界线，如图 6-67 所示。

(7) 边线向中心方向偏移 150 mm，作为装饰线条，如图 6-68 所示。

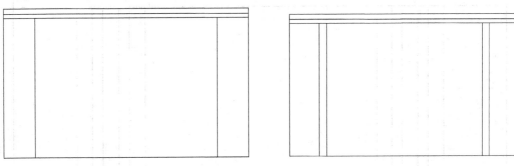

图 6-67　　　　　　　　　　　　　图 6-68

(8) 将上一步绘制的边线再向中心方向偏移 100 mm，如图 6-69 所示。

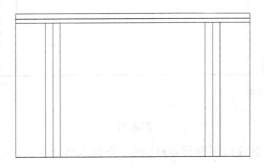

图 6-69

(9) 再次将边线向中心方向分别偏移 150 mm、100 mm、150 mm，如图 6-70 与图 6-71 所示。

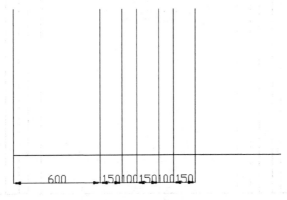

图 6-70

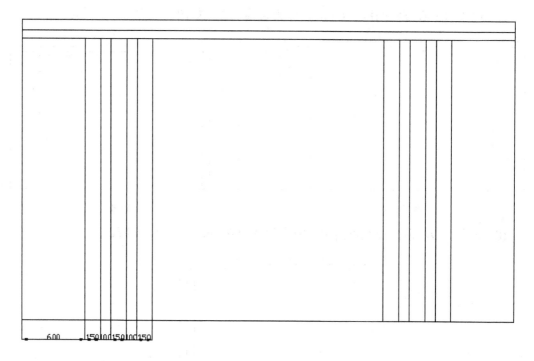

图 6-71

(10) 将表示天花板的线向下偏移 400 mm，作为木装饰线条，如图 6-72 所示。

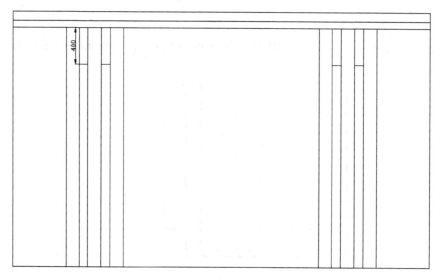

图 6-72

(11) 将表示地面的线向上偏移 600 mm，作为木装饰线条，如图 6-73 所示。

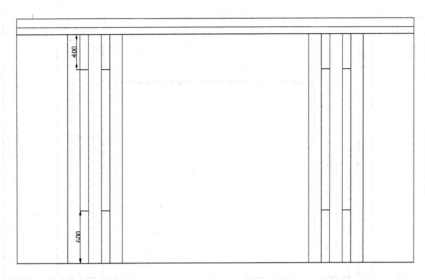

图 6-73

(12) 将表示天花板的线向下偏移 500 mm，作为石膏板造型(注意要把偏移后多余的线条修剪掉)，如图 6-74 所示。

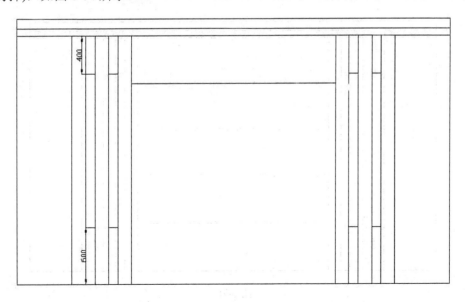

图 6-74

(13) 将上一步绘制的直线向下偏移 20 mm，作为勾缝处理，如图 6-75 所示。

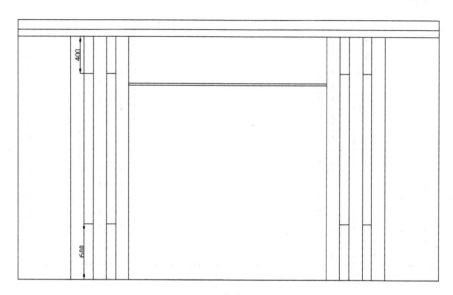

图 6-75

(14) 再连续三次分别偏移 500 mm 与 20 mm，如图 6-76 所示。

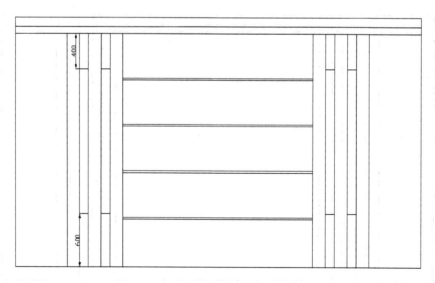

图 6-76

(15) 将表示地面的线向上偏移 80 mm，作为踢脚线，如图 6-77 所示。

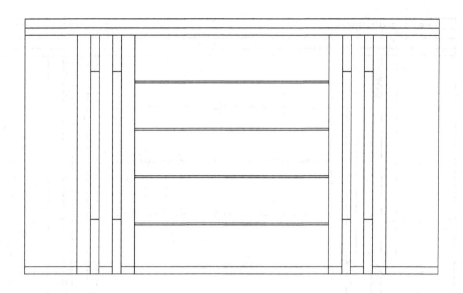

图 6-77

(16) 对木装饰线条部分进行填充，如图 6-78 所示。

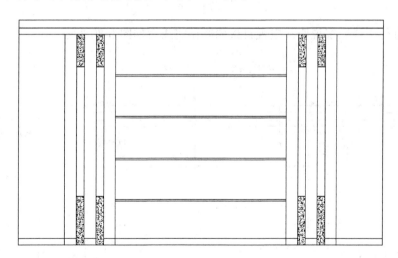

图 6-78

(17) 插入装饰品，并做标注，如图 6-79 所示。

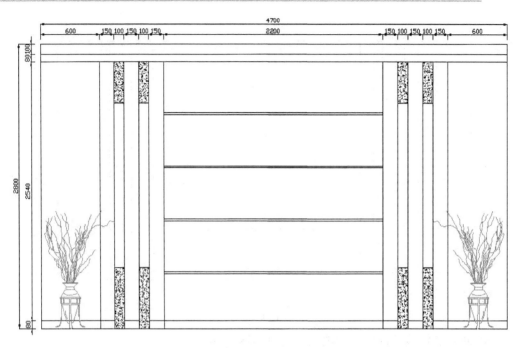

图 6-79

(18) 进行引线文字说明。电视背景墙制作完成后如图 6-80 所示。

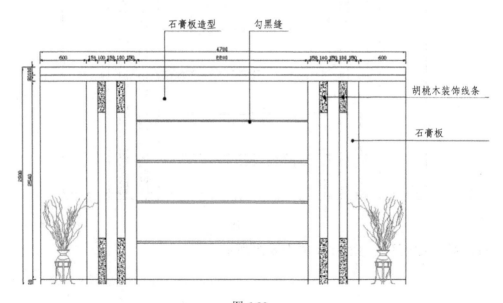

图 6-80

7. 开关布局图的绘制

(1) 从素材文件中复制一份天花平面图，并将标题名字修改为开关布局图，如图 6-81 所示。

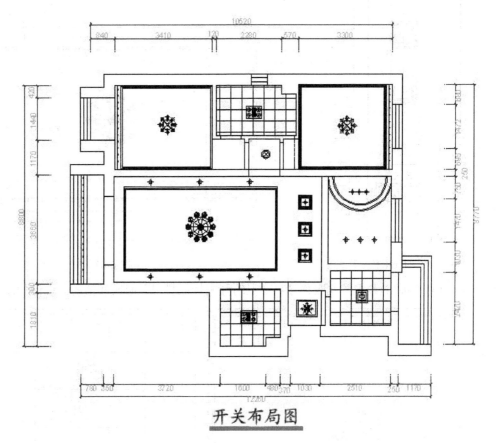

开关布局图

图 6-81

(2) 玄关及过廊有 3 种类型的灯需要开关，分别是灯带、筒灯、吸顶灯，可以采用 2 个双开电源开关，分别控制不同类型的灯具，如图 6-82 所示。

(3) 客厅有 3 种类型的灯需要开关，分别是灯带、筒灯、中间的一个吊灯，可以采用三开电源开关，分别控制 3 种不同类型的灯具，如图 6-83 所示。

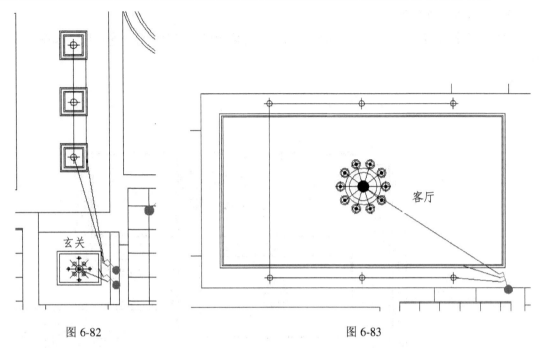

图 6-82   图 6-83

(4) 主卧的开关控制吸顶灯；主卫的开关控制排风、照明和浴霸。设计如图 6-84 所示。

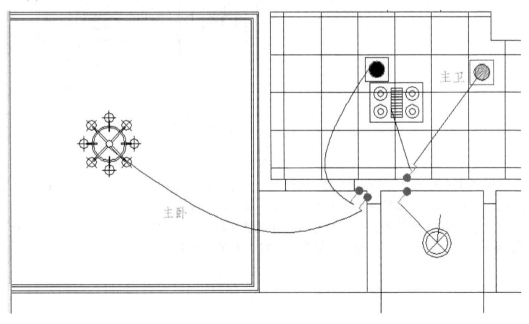

图 6-84

(5) 客卧采用单开开关控制一盏吸顶灯，如图 6-85 所示。

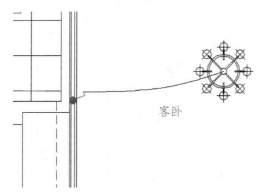

图 6-85

(6) 餐厅、厨房采用两个双开开关，分别控制灯带和吸顶灯，如图 6-86 所示。

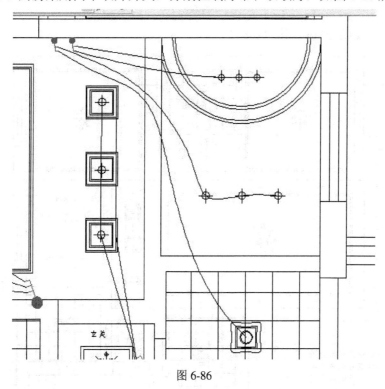

图 6-86

(7) 客卫的开关设计与主卫的相同，如图 6-87 所示。

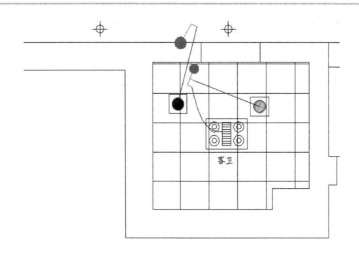

图 6-87

开关布局图绘制完成后如图 6-88 所示。

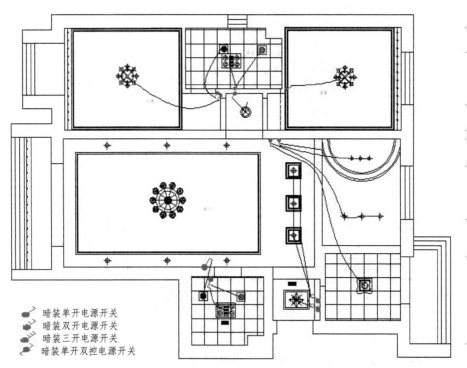

暗装单开电源开关
暗装双开电源开关
暗装三开电源开关
暗装单开双控电源开关

图 6-88

8. 插座布局图的绘制

(1) 复制平面布局图，如图 6-89 所示。

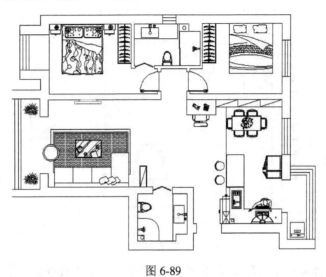

图 6-89

(2) 布置主卧插座：分别在床头放置 2 个五孔插座；在无遮挡墙面上放置 1 个五孔插座，作为机动插座使用。主卧插座布置如图 6-90 所示。

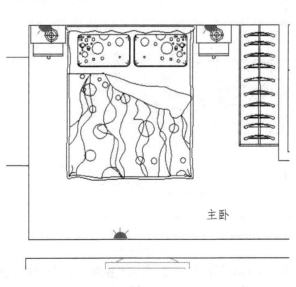

主卧

图 6-90

(3) 布置主卫插座：在洗手台的位置放置 1 个防水五孔插座，作为吹风机和剃须刀的电源；在马桶附近安装 1 个防水五孔插座。主卫插座布置如图 6-91 所示。

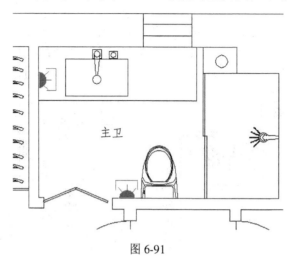

图 6-91

(4) 布置客厅插座：在客厅放置 2 个五孔插座，并配置数据采集点和视频采集点；在沙发的右侧放置 1 个五孔插座，作为机动插座使用。客厅插座布置如图 6-92 所示。

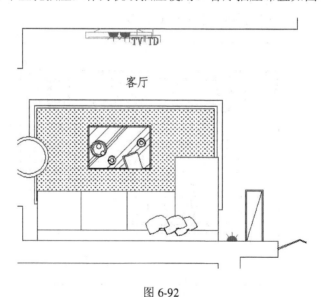

图 6-92

(5) 布置餐厅插座：在书桌附近放置 2 个五孔插座；在餐桌附近放置 1 个五孔插座，作为机动插座使用。餐厅插座布置如图 6-93 所示。

（6）布置厨房插座：为抽油烟机安装 1 个防水五孔插座；为洗衣机安装 1 个五孔插座；再安装 3 个五孔插座作为机动插座。厨房插座布置如图 6-94 所示。

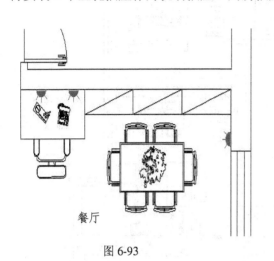

餐厅

图 6-93

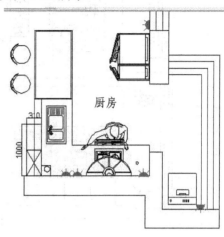

图 6-94

（7）布置客卧插座：分别在床头两侧放置 2 个五孔插座；在无遮挡墙面上放置 1 个五孔插座，作为机动插座。客卧插座布置如图 6-95 所示。

（8）布置客卫插座：为洗手台安装 1 个防水五孔插座；在马桶附近安装 1 个防水五孔插座。客卫插座布置如图 6-96 所示。

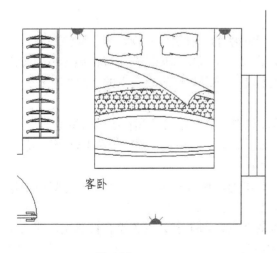

客卧

图 6-95

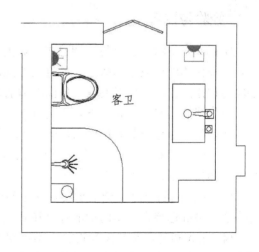

图 6-96

插座布局图绘制完成后如图 6-97 所示。

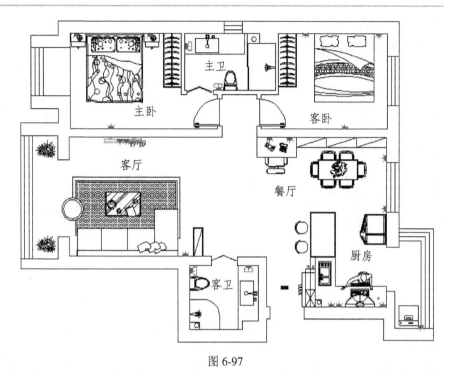

图 6-97

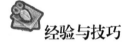 经验与技巧

现代家居生活的品位与格调已成为业主生活现状的一种真实体现，点点滴滴的精致、巧妙，都会体现出业主的兴趣、爱好及心态。在设计上以空间创造为主线，施工中以装饰手段为衬托，在满足功能要求、生活舒适的前提下，应尽可能表现业主的个性与喜好。

卫生间的装修设计有以下几个要点：

(1) 地面要注意做好防水和防滑工作。地面材料最好使用有凸起花纹的防滑地砖。

(2) 卫生间顶部的防潮工作非常重要。目前一般采用铝扣板、铝塑板和 PVC 板吊顶，其中铝扣板采用得较多。

(3) 卫生间的电路安全很重要。卫生间比较潮湿，所以在敷设电线和安装电灯时要格外小心，最好选择带安全防护的灯具和开关。

(4) 采光和通风是卫生间设计中不可缺少的两项，如果所处位置没有自然光，那么在亮度方面应该做些补救措施，以弥补自然光的不足。

隔断是限定空间，同时又不完全割裂空间的手段，如客厅和餐厅之间的博古架等。使用隔断能区分不同功能的空间，并实现空间之间的相互交流。

隔断设计应注意以下 3 个方面的问题：

(1) 造型方面：隔断一般不承重，或者承重很少，所以造型的空间变化很大，在设计的时候应该注意高矮、长短和虚实等的变化统一。

(2) 颜色方面：隔断是居室的一个组成部分，颜色要跟居室的其他部分协调一致。

(3) 材料方面：通过精心挑选、加工材料，能够实现造型和颜色的搭配，而且隔断是一种非功能性构件，所以材料的装饰效果可以放在首位。

一般来说，居室的整体风格确定后，隔断会相应地采用同样的风格。有时采用相异的设计手法，也能取得不俗的效果，一般是在居室整体风格简易时隔断采用繁复的风格。

拓展训练

根据现有户型、客户的要求，运用自己所掌握的知识，进行各自的平面布局设计并进行设计方案讲解。

反馈评价

根据拓展训练的内容进行测试，教师评分占 40%，学生评分占 60%。

评 价 内 容		评价等级(10 分)		
		良好 (5 分)	较好 (3 分)	一般 (2 分)
专业基础性	能够灵活运用 AutoCAD 基础命令			
	能够较好地绘制出平面布局图			
	能够较好地绘制出天花布局图			
专业扩展性	能够根据客户的要求，自行设计出平面布局图			
	能够根据客户的要求，自行设计出天花布局图			
	能够自行设计出立面图			
	能够自行设计出地面材质图			
	能够自行设计出开关插座布局图			
职业素养性	能够理解客户的设计要求			
	能够完全表述自己的设计理念			
合　计				
备注：				

参 考 文 献

[1] 张绮曼，郑曙旸. 室内设计资料集. 北京：中国建筑工业出版社，1991.

[2] 陈易. 室内设计原理. 北京：中国建筑工业出版社，2006.

[3] 郑曙旸. 室内设计师培训教材. 北京：中国建筑工业出版社，2009.

[4] 张玲，沈劲夫，汪涛. 室内设计. 北京：中国青年出版社，2009.

[5] 沈百禄. 室内设计元素集. 北京：机械工业出版社，2013.